U0070242

我 創 業， 我 獨 角 no.2

• #精實創業全紀錄,商業模式全攻略 ———○

UNIKORN Startup ②

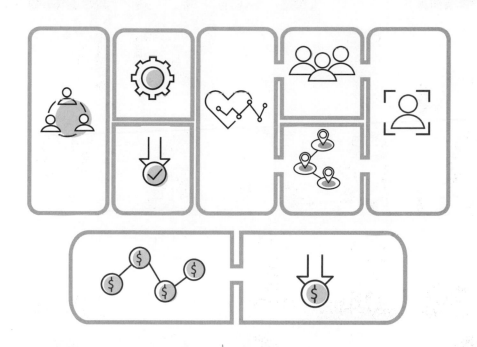

關於獨角

獨角文化是全台灣第一個以群眾預購力量，專訪紀錄創業故事集結成冊出版的共享平台。

我們深信每一位創業家，都是自己品牌的主角，有更多的創業故事與夢想，值得被看見。

獨角文化為創業者發聲，我們從採訪、攝影、撰文、印刷到行銷通路皆不收取任何費用。

你可以透過預購書的方式化為支持這些創業故事，你的名與留言也會一起紀錄在本書中。

序文

「我創業，我獨角」你就是品牌最佳代言人

——————— 羅芷羚 Bella Luo

獨角傳媒，對我們來說，它是一個創業者幫助創業者實現夢想的平台！在經營商務中心的過程中，我們常常接觸到許多創業者，其中不乏希望分享自己的品牌/理念/創業故事的企業主，可惜在這個競爭激烈的時代下，並不是每家企業起初創業就馬上做到穩定百萬營收、或是一砲而紅成為媒體爭相報導的對象，大部分的業主常常都是默默地在做自己認為對的事情，直到5年後、甚至10年後，等到企業成功才會被人們看見。在這樣的大環境下，我們發現很少有人願意主動去採訪這些艱辛的創業者們，許多值得被記錄成冊、壯聲頌讚的珍貴故事便這樣埋沒於洪流下，為將這些寶藏帶至世界各地，獨角傳媒在2020春天誕生了！

「每一個人的背後都有一段不為人知的故事」

品牌身處萌芽期之際，多數人看見的是商品，但獨角想挖掘、深究的是創造商品價值的創辦人們。這些故事有些是創辦人們堅持的動力來源，亦或挾帶超乎預期的重大使命感，令我們備感意外的是，透過創作本書的路程中，我們發現許多人只是單純地為了生存而在這片滿是泥濘的創業路上拼搏奮鬥。

因此我們要做的，不單只是美化、包裝企業體藉此提高商品銷售量，我們要做得更多！透過記錄每一位創業家的心路歷程，讓他們獨一無二的故事可以被看見，幫助讀者在這些故事除了商品的「WHAT」，也瞭解它背後的「WHY」！

許多人會有這樣的迷思：「創業當老闆好好喔，可以作自己想作的事，工作時間又彈性，我也要創業。」然而真的創業之後，你會發現你的時間不再是你的時間，當員工一天是8小時上下班，創業則是24小時待命；員工只要按部就班每個月薪水就會轉進戶頭，創業則是你睜開眼就在燒錢，每天忙得焦頭爛額就為找錢、找人、找資源。讀完這本書後你會發現：創業真的沒有想像中那麼美好。

看到這裡，也許你會問我：「那還要創業嗎？採訪出書還要繼續嗎？」

我的答案是：「YES! ABSOLUTELY YES!」

大家知道嗎？目前主流媒體、報章雜誌，或是出版刊物中所看到的企業主其實只佔了台灣總企業體的2%，台灣真正的主事業體其實是中小企業，佔比高達98%！(註)；大型企業及上市櫃公司由於事業體龐大，自然而然地便成為公眾鎂光燈下的焦點，在這樣的趨勢下，我們所想的是：「那，誰來看見中小企業呢？」當星系裡的恆星光芒太過強大時，其他星星自然相對顯得黯

淡失色，然而沒有這些滿佈夜辰的星星，銀河系又怎麼會如此浩瀚、閃亮？獨角傳媒抱著讓大家看見星河裡的微光(中小企業主)的理念出發，希望給大家一個全新的視角環顧世界。

不可否認的是，初期我們遇到相當多的挫折跟挑戰，但因為有想做的事情，有想幫助創業者的這份信念，所以儘管是摸著石頭過河，我們仍會堅持走對的路，直到成功渡過腳下湍急的暗流。

如果有讀者認為讀了這本書後便能一「頁」致富，那你現在就可以闔上這本書；獨角在這本書想做到的是透過50個精實成功創業者的真實故事，讓大家意識到所謂的困難其實有路可循，過不去的坎也沒有這麼多，我們希望這些創業故事能成為祝福他人的寶典！

「我創業，我獨角」它可以是你的創業工具書，又或者是你親近創業真實面向的第一步，更讓你有機會搖身一變成為自有品牌最佳代言人，改變就從現在開始！

獨角傳媒，未來會成為一個什麼樣的品牌呢？我們相信它是目前全台第一個擁有最多企業專訪的直播平台，當然未來亦會持續增加；除此之外，我們亦朝著社會企業的方向邁進，獨角近來與國外環保團體合作，推出名為「ONE BOOK ONE TREE一書一樹」的公益計畫，只要讀者以預購方式支持書籍，一個預購，我們就會在地球種一棵樹，保護我們所處的星球在文明高度發展的仍保有盎然、鮮明的活力。

另外，我們亦將定期舉辦「UBC獨角聚」——一個B TO B 的企業家商務俱樂部，獨角想打造出一個創業生態系，讓企業之間產生更多的連結、交流與合作契機，不再只是單打獨鬥埋頭苦幹！未來，我們相信這個平台將持續成長茁壯，也期待有更多被採訪創業故事的台灣創業家，終能走向國際舞台，成為世界級的獨角獸公司以榮耀他們自己的創業品牌，有幸參與此過程獨角傳媒真的備感榮焉！

最後，我要感謝每一位受訪的創業家，謝謝你們傾力讓世界變得更美好。值此付梓之際，我謹向你們以及所有關心支持本書編寫的朋友們致以衷心的謝忱！

將一切榮耀歸給主，阿門！

Bella Luo

> (註)
> 根據《2019年中小企業白皮書》發布資料顯示，2018年臺灣中小企業家數為146萬6,209家，占全體企業97.64%，較2017年增加1.99%；中小企業就業人數達896萬5千人，占全國就業人數78.41%，較2017年增加0.69%，兩者皆創下近年來最高紀錄，顯示中小企業不僅穩定成長，更為我國經濟發展及創造就業賦予關鍵動能。

導讀

「這是最好的時代，也是最壞的時代」期待在創業路上剛好遇見你

—————— 廖俊愷 Andy Liao

本書收錄超過50家企業品牌組織的創業故事，每個故事都是精實的。不管你是正在創業或是準備創業，相信都能發現你並不孤獨，也許你也會在這當中找到你自己創業靈感。故事的內容總是感性的，但真實的商業世界卻常常給我們狠狠的上了幾堂課，世界變動的速度太快，計畫永遠趕不上變化，透過50家企業品牌的商業模式圖，讓你直觀全局，所以在你也開始想寫一份50頁的商業計畫書前，也為你自己的計劃先畫上一頁式的商業模式圖，並隨時檢視、調整、更新你的商業模式。

本書將每個故事分為 #A #B #C #D 四大模組，你可以照著順序來看這本書，你也可以隨意挑選引發你興趣的行業來看，你甚至可以以每星期為一個周期，週一看一則故事，週二~週四蒐集相關的行業資訊，在週五下班邀請你的潛在合作夥伴一起聚餐，用餐巾紙畫出你們看見的商業模式。

最後用狄更斯《雙城記》做為結尾，「這是最好的時代，也是最壞的時代」。但是，無論身處怎樣的時代，總會有一批人脫穎而出，對於他們而言，時代是怎樣的他們不管，他們只管努力奮鬥，最終成為時代的主流。

期待在創業路上剛好遇見你

Andy Liao

#A 模組

創業故事

TIP-1創業動機與過程甘苦

TIP-2經營理念及產業簡介

TIP-3未來期許與發展潛力

#B 模組

商業模式圖

以九宮格直觀呈現的商業模式圖，讓你可以同樣站在與創辦人相同高度，綜觀全局。

#C 模組

創業筆記

TIP-1 創業建議與經營關鍵

TIP-2 自己寫下本篇的重點

#D 模組

影音專訪

如果你對文字紀錄還意猶未盡，可以拿起手機掃描，也許創辦人的影音訪談內容能讓你找到更多可能性。

精實創業 人人都是創業家

精實創業運動追求的是，提供那些渴望創造劃時代產品的人，一套足以改變世界的工具。

――――《精實創業：用小實驗玩出大事業》The Lean Startup　艾瑞克·萊斯 Eric Rice

精實創業是一種發展商業模式與開發產品的方法，由艾瑞克·萊斯在2011年首次提出。根據艾瑞克·萊斯之前在數個美國新創公司的工作經驗，他認為新創團隊可以藉由整合「以實驗驗證商業假設」以及他所提出的最小可行產品（minimum viable prod-uct，簡稱MVP）、「快速更新、疊代產品」（軸轉Pivot）及「驗證式學習」（Validated Learning），來縮短他們的產品開發週期。

艾瑞克·萊斯認為，初創企業如果願意投資時間於快速更新產品與服務，以提供給早期使用者試用，那他們便能減少市場的風險，避免早期計畫所需的大量資金、昂貴的產品上架，與失敗。

―――― 維基百科，自由的百科全書

你正在創業或是想要創業嗎?

□ Yes　　□ No

你總是在創造客戶價值,或是優化你的服務?

□ Yes　　□ No

你試著探索創新的商業模式來影響改變這個世界?

□ Yes　　□ No

如果你對上述問題的回答為 **"Yes"**,歡迎加入我創業我獨角!
你手上的這本書,是寫給夢想家、實踐家,以及精實創業家,
這是一本寫給創業世代的書。

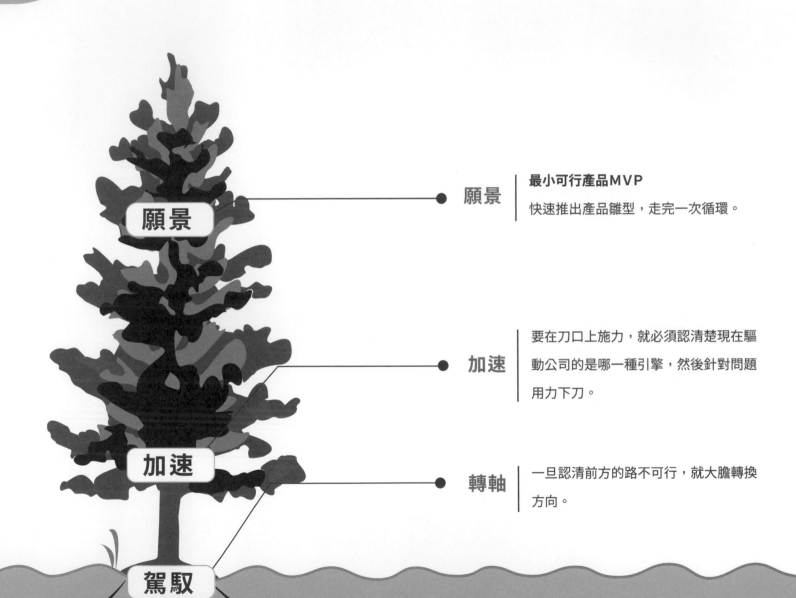

願景

最小可行產品MVP
快速推出產品雛型，走完一次循環。

加速

要在刀口上施力，就必須認清楚現在驅
動公司的是哪一種引擎，然後針對問題
用力下刀。

轉軸

一旦認清前方的路不可行，就大膽轉換
方向。

駕馭 　　加速 **3** 個成長引擎 　　願景

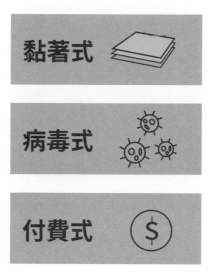

商業模式全攻略

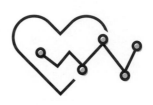

重要合作

誰是我們的主要合作夥伴?誰是我們的主要供應商?我們從合作夥伴那裡獲取哪些關鍵資源?合作夥伴執行哪些關鍵活動? 夥伴關係的動機:優化和經濟,減少風險和不確定性,獲取特定資源和活動。

關鍵服務

我們的價值主張需要哪些關鍵活動?我們的分銷管道?客戶關係?收入流?
類別:生產、問題解決、平臺/網路。

核心資源

我們的價值主張需要哪些關鍵資源?我們的分銷管道?客戶關係收入流?資源類型:物理、智力(品牌專利、版權、數據)、人力、財務。

價值主張

我們為客戶提供什麼價值?我們幫助解決客戶的哪些問題?我們向每個客戶群提供哪些產品和服務?我們滿足哪些客戶需求?特徵:創新、性能、定製、"完成工作"、設計、品牌/狀態、價格、降低成本、降低風險、可訪問性、便利性/可用性。

設計者: 商業模式鑄造廠 (www.businessmodelgeneration.com/canvas)。文字實現由:Neos Chronos有限公司(https://neoschronos.com)。 授權: CC BY-SA 3.0。

顧客關係

渠道通路

客戶群體

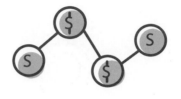

成本結構

收益來源

我們的每個客戶部門都期望我們與他們建立和維護什麼樣的關係?我們建立了哪些?他們如何與我們的其他業務模式集成?它們有多貴?

我們的客戶細分希望通過哪些管道到達?我們現在怎麼聯繫到他們?我們的管道是如何集成的?哪些工作最有效?哪些最經濟高效?我們如何將它們與客戶例程集成?

我們為誰創造價值?誰是我們最重要的客戶?我們的客戶基礎是大眾市場、尼奇市場、細分、多元化、多面平臺。

我們的商業模式中固有的最重要的成本是什麼?哪些關鍵資源最貴?哪些關鍵活動最貴?您的業務更多:成本驅動(最精簡的成本結構、低價格價值主張、最大的自動化、廣泛的外包)、價值驅動(專注於價值創造、高級價值主張)。樣本特徵:固定成本(工資、租金、水電費)、可變成本、規模經濟、範圍經濟。

我們的客戶真正願意支付什麼價值?他們目前支付什麼?他們目前如何支付?他們寧願怎麼付錢?每個收入流對整體收入的貢獻是多少?
類型:資產銷售、使用費、訂閱費、貸款/租賃/租賃、許可、經紀費、廣告修復定價:標價、產品功能相關、客戶群依賴、數量依賴性價格:談判(議價)、收益管理、實時市場。

商業模式圖

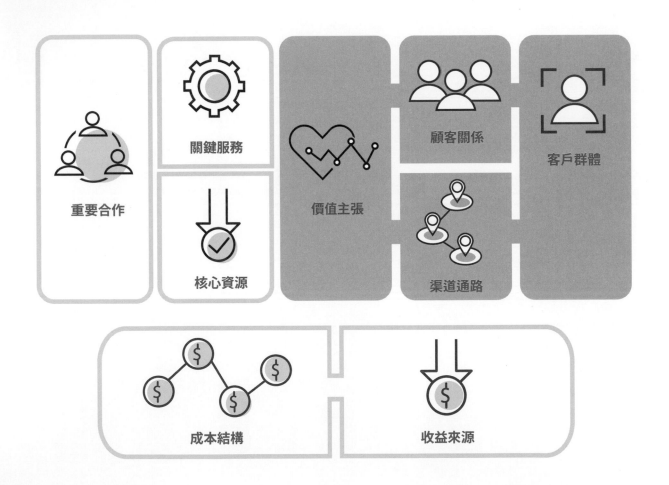

99%的商業模式都有人想過　差異是每天進步1%的檢視驗證調整

為誰提供
客戶區隔

如何提供
通路通道 (客戶關係)

提供什麼
價值主張

如何賺錢 收入來源
(核心資源、關鍵活動，主要夥伴，成本結構)

創業TIP

• **幫助企業主本身再次檢視釐清整體商業模式。**

• **幫助商業夥伴快速了解企業前瞻與合作可能。**

• **幫助一般讀者全面宏觀學習企業經營之價值。**

商業模式圖是用於開發新的或記錄現有商業模式的戰略管理和精實創業模板。這是一個直觀的圖表，其中包含描述公司或產品的價值主張，基礎設施，客戶和財務狀況的元素。它通過說明潛在的權衡來幫助公司調整其業務。

商業模型設計模板的九個"構建模塊"（後來被稱為商業模式圖）是由亞歷山大·奧斯特瓦爾德[Alexander Osterwalder 於2005年提出的。

───── 維基百科，自由的百科全書

目錄

Chapter 1

成為台灣的獨角獸，共享空間的領頭羊

享時空間

ShareSpace

羅芷羚（Bella），享時空間共同創辦人，效仿國外 coworking space 的概念，跳脫以往傳統對於辦公室冰冷的既定印象，新穎的辦公室採半透明隔間方式，加強進駐者之間的交流及合作，期許未來可以成為一個自帶資金的創投公司，讓資金回流到初期創業者進而幫助他們成長茁壯。

1. 舉辦招商講座
2. 辦公空間以白色為主色調，加上繽紛色彩，讓人感到活力又愉悅
3. 充滿活力的創業夥伴
4. 享時空間重視人與人的交流，夥伴會在空間裡舉辦各式活動

擺脫制式化擺設空間，創業想法萌芽

2018 年，Bella 還是個企業演講講師，她受邀到國內外各大城市演講，在無數次大大小小的演講中她發覺到，每次講課的地點幾乎都是在講堂，傳統偌大的空間裡擺放著演講台和麥克風，如此制式化的擺設不免讓人感到拘謹又冰冷，正當她思考到會議室有沒有可能出現新的形式時，Bella 去到了世界知名的共享工作空間品牌—WeWork，進駐者在開放空間共同工作，彼此之間容易有連結跟交流，看到這個場景，一個想法在 Bella 心裡油然而生，她想把共享空間辦公室搬到台灣。

辦公地點免煩惱，一台筆電即可進駐

Bella 將地點設在台中，一方面是因為家鄉所在、方便就近管理，另一方面是因為台中的市場還不盛行共享空間的概念；有別於一般商務中心選在舊大樓設點再重新裝潢，享時空間選在位於七期重劃區的新大樓，鄰近市政府、可以說是市區的精華地段，一進門就可以感受到大廳乾淨明亮且氣派，整棟新大樓的裝潢都很一致，現代感和科技感並存卻又不失溫暖，每個角落、連廁所都很有質感，位於黃金地點、地段良好，租金也不低，進駐者以穩定發展的公司或是個人接案的工作室居多，大多已有固定的客源，在這個空間裡不僅

有優良的辦公環境，也為進駐者做好形象，為他們的客戶帶來良好印象。

在這裡進駐者免去尋找辦公空間及秘書的麻煩，只要帶一台筆電就可以開始工作，特別的是，享時空間的辦公室隔間打破以往傳統既定印象，採用半透明隔間，在椅子上辦公的高度是無法看見不同辦公室的人，但當你想放鬆時只要站起來就可以和人互動交流，這讓進駐者既可以專心辦公又可以加強彼此之間的交流及連結，中心的秘書也了解每間辦公室的產業屬性，可以介紹客戶之間認識，有助於異業合作，且良好的通透感使空間的光線更充足，辦公時不會感到狹隘、壓抑，上班時的心情就能更愉悅、開闊，在這樣的場域

1.2. 在招商會透過專業演講，傳達享時空間創業藍圖
3.4. 透過每次演講傳遞享時空間的經營理念
5. 夥伴們每周都會進行會議，互相交流意見

裡，公司的產業若不便公開也不會選擇進駐，自然也替享時空間篩選掉不適合的客戶。

新創產業難被接受，夥伴攜手共度挑戰

Bella 並非單打獨鬥出來闖盪，提及合夥人，他們不僅是夥伴也是彼此的導師，兩人雖然個性迥異但卻互補，一個善於處理事情、一個善於處理人，Bella 笑說，合夥人就像小精靈般的總是有許多點子，總是可以想出特別的方案，透過網站或臉書刊登廣告吸引客戶來電詢問，且合夥人是 app 軟件開發出身的，擅長科技應用及網頁處理，所以公司的決策、發想與執行都由合夥人負責；而 Bella 負責落實企劃執行前的準備工作，以及員工之間的溝通跟協調，包含了公事上的工作內容分配及進度掌握，還有聆聽夥伴心裡的意見，兩人各司其職，雖然偶爾有爭執的時候，但也因為兩人有共同的信仰，他們很願意放下情緒來溝通，他們深知彼此有共同的願景，都是為了公司團隊好。

即使市面上早已推出的共享汽車、共享雨傘，但共享空間在台灣的市場仍然屬於寡占，顧客對於一般辦公室的既定印象很難在一夕之間改變，要大眾接受像享時空間這樣透明且開放的辦公空間更是一大挑戰，外界投以許多不看好的眼光，很多人認為國外需要不一定台灣也會需要，甚至覺得 Bella 是吃力不討好；憶起享時空間還在裝潢時期，兩人常常整天待在大樓頂樓的咖啡廳，一邊辦公一邊監工，還為了辦公桌椅特地從國外挑選並客製化，雙手也因為組裝桌椅起水泡，常常忙到三更半夜才離開公司，就是希望可以創造出舒適且有質感的空間。

1. 享時空間創造出有通透感的明亮空間，顛覆傳統辦公室的印象
2. 享時空間坐落在七期重劃區，鄰近市政府、市區的精華地
3. 充滿現代感又豪華氣派的大廳，有專門的進出管理
4. 大樓的裝潢風格一致，連同公設咖啡廳也一樣明亮且舒適

讓資金回流，共享空間、共享經濟

好在大部分的客戶都相當喜歡享時空間，還有客戶說到：「儘管很不景氣、人力外流，但你們做了很好的事，要堅持下去不要放棄！」甚至有赴美學成歸國的客戶也大大鼓勵享時空間，認同台灣也有用心且不輸國外的商務中心，最讓 Bella 感動的是，當初對創業很擔憂、苦口婆心想勸退的母親，也在開業參觀後對於享時空間讚不絕口，甚至在白板上留言「媽媽愛你，加油！」，母親以溫馨的方式讓 Bella 感受到滿滿的愛，也使 Bella 更有動力繼續向前邁進。

「你們要先求神的國、和神的義，這些東西都要加給你們了」身為共享空間的領頭羊，Bella 引用了聖經，她深信她所要做的事情是為了榮耀上帝，她認為創立享時空間的背後不單單只是為了賺錢營利，而是許多不同的產業及團隊在經過不斷交流之後，往往能有超出預期甚至更壯大的成效，這才是享時空間最想做到的。隨著品牌知名度及影響度的提升，未來享時空間將以台中作為旗艦概念館，計畫三年達成十個館別、十年達成五十個聯盟館別，並與同業合作一起提供給需要的客戶做異地辦公使用，期許未來享時空間可以成為自帶資金的品牌，讓資金回流到初創業者身上，提供給客戶在創業初期所需的資金、人脈與團隊，讓需要產業的人可以發揮所長、需要空間的人可以進駐、需要資金的人有創投可以注入，真正落實共享經濟的理念。

1. 與享時空間夥伴們開心合照　　　2. 招商講座　　　3.4. 與創業者分享空間計畫演講　　　5. 對享時空間大力支持的夥伴　　　6. 創業者聯盟交流活動參與

#B 商業模式圖 BMC

 重要合作

- 閤維浩律師事務所
- SPACE PO
- 獨角傳媒

 關鍵服務

- 共享空間
- 應用管理軟件服務

 核心資源

- 包租計劃
- 社群經理

 價值主張

- 專注於商務中心4.0，提供辦公空間、設備服務及多元的社群活動，讓每一位進駐夥伴能有更多創業交流與合作。

 顧客關係

- 共同創造
- 社群經理

 渠道通路

- facebook
- 租屋網站

 客戶群體

- 自由業者
- 移動工作者
- 個人工作室
- 企業分公司
- 外國企業駐台代表
- 跨國公司考察

成本結構

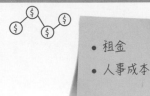

- 租金
- 人事成本

收益來源

空間租金、管理費用

#C | 創業 TIP 筆記 ✍

- 團隊成員各自展現自我優勢、各司其職，將對的人擺在對的位置上，公司才能最有效率的前進。

- 產業選點很重要，從外觀到內部格局若能一致，對外形象良好更能在客戶眼中加分。

- _____
- _____
- _____
- _____
- _____
- _____
- _____
- _____

#D | 影音專訪 LIVE 📹

Share Space 享時空間

● LIVE ▶

(04)3707-7357
http://www.sharespace.cc/
https://www.facebook.com/ShareSpace.cc/
台中市西屯區市政路 402 號 5 樓之 6

勤於環保、忠於顧客的空污守門員

鍵鑫科技有限公司

近年來，隨著空氣污染日益嚴重，環保意識逐漸抬頭，大眾對於空氣品質的要求也逐漸提高，許多減少空氣污染的設備也如雨後春筍般地生產，而早在十幾年前，鍵鑫科技有限公司的負責人謝麒炮先生便已想到這點，並且展開他創業的生涯。

看中產業前瞻性，轉職當起創業家

靜電機是許多工廠和餐廳的必備，原本在電腦公司擔任管理職已經數十年的謝大哥，因為工作的工時太長而決定轉職，當時台灣還沒有什麼環保相關產業，大眾對於環保也還沒有什麼概念，但其實當時空氣汙染已經相當嚴重了，所以謝大哥認為這個市場非常需要投入，他看得很遠也觀察敏銳，他認為未來環保議題將會愈來愈被社會重視，於是他看中了空污設備的前瞻性，便決定自行創業，毅然決然一腳踏進了靜電機的市場，創立「鍵鑫科技有限公司」。

1. 靜電油煙清淨機
2.4. 靜電機
3. 靜電機外觀

單打獨鬥，萌生放棄念頭

從原本的電腦產業轉職到工業，工作的內容大相逕庭，沒有股東、單打獨鬥的謝大哥從無到有、一手包辦，從建立公司到尋找廠房建地、設備、工廠規劃，公司大大小小的事全部都靠自己摸索，包括跑業務也是，因為沒有跑業務的經驗，謝大哥甚至不太敢跑業務，就怕自己不夠專業被客戶問倒，所以常常半夜下了班回家自己反思問題所在，也利用休假日練習跑業務，花了大半年的時間才逐漸上手，加上當時靜電機算是新興產業，謝大哥對於靜電機一竅不通卻也不知道從何問起，找上了勞工局想參考課程訓練，卻也求助無門，最後還是靠自己看書鑽研。

另一方面，創業初期的客戶群流量十分不穩定，有一年甚至只有兩間客戶找上門而已，沒有什麼收入來源，還要支付廠房的租金和設備成本，好幾年都入不敷出，家人們也慢慢地愈來愈不支持謝大哥的事業，紛紛勸他放棄，同時也有好幾間電腦公司找上門希望謝大哥能重操舊業，連他自己也好幾次萌生了想回頭的念頭，但想起已經投入許多資金跟心血，還是決定咬著牙、堅持下來，加上社會環境和政策不斷地改變，原先設定希望公司能在創立的幾年內就步上正軌，但計畫趕不上變化，也只好先放慢腳步了。

站穩市場，著手計畫研發

鍵鑫科技起初是以靜電機的保養維修為主，到現在技術純熟了之後也延伸到了安裝和設計方面，服務的市場也已擴展到水泥業、電子業、餐飲業等各行各業，除了靜電機以外，也逐漸熟悉其他許多相關產品，像是冷凍設備、廚衛設備、風管設備等等施工安裝，也做設備的銷售代理，另外，鍵鑫科技也開始著手規劃研發商品，像是清洗藥水，有別於市面上的藥水成分大多是強酸強鹼的化學毒物，研發團隊選用有機水果來製成藥水，此外也研發靜電機的新機型，目前市面上的靜電機若運轉八小時的耗電率約為 10 元，新機型可以大幅降低耗電率至 0.6 元，除了省電還會提升除油效果，研發的產品也都大致完成雛形，預計不久的將來就可以推出上市。

5. 油煙清淨機

6.8. 靜電機外觀

7.9.10. 店家使用靜電機

11.15. 鍵鑫科技產品項目

12. 謝麒炮負責人創業進階班課程研習證明

13. 謝麒炮負責人創業故事被收入在書籍中

14. 研發認證

將心比心、以服務為宗旨

如今，鍵鑫科技的技術是經過台灣優良產品評鑑審查通過的，榮獲台灣優良產品金品獎，也是全台第一家有登記認證的保養、維修、安裝公司，許多別人手上維修不了的設備，到了謝大哥的手上都能一一解決，因此名聲愈打愈響亮，得到許多客戶良好的回饋，客戶群也慢慢延伸，創業至今十幾年來，鍵鑫科技累積到現在已經擁有兩、三千家客戶群，也經手過成千上萬件案子，得到客戶的信任與青睞是謝大哥最引以為傲、也最有成就感的事，也因此「以服務為宗旨」一直是鍵鑫科技的經營理念，謝大哥也教育員工要發自內心對待客戶，保護客人的設備使其發揮最大的功能，讓客人可以安心使用設備，從小吃店到工廠，不論規模、不惜成本，謝大哥也從來不會挑客戶；未來謝大哥一樣會繼續往工業及空污設備產業前進，現在有許多機器已開始量產，希望藉此提升使用率，也已經有許多新設備開發的想法，鍵鑫科技也期許可以創造屬於自己的品牌，做到開發設計、安裝、維修的一條龍服務，目前也已經有好幾家國外的公司預訂要做經銷合作，期待鍵鑫科技未來可以走向國際、發光發熱。

雙渦輪直流變頻

R.P.M

18

19

20

ON MI NOTE 3
UAL CAMERA

16. 店家使用靜電機
17. 靜電機外觀
18. 雙渦輪直流變頻
19.20. 靜電機抽油煙管
21. 靜電機抽油煙管
22. 靜電機
23. 機器模擬圖

21

22

23

對於創業，謝大哥認為要顧及的範圍很廣，鎖定的目標產業、資金的周轉、市場上的需求，每一個面向都很重要，創業並不容易，不可能一步登天，「頂峰是個很冰冷的地方」謝大哥這樣說道，一路跌跌撞撞，從學習中找到經驗，從經驗中得到經歷，從原本的一竅不通到現在已經滾瓜爛熟，從單打獨鬥到現在已經有公司團隊合作，謝大哥的目標一直很明確，都是為了環保和永續經營，十幾年走來、始終如一。

#B | 商業模式圖 BMC

 重要合作

- 工廠
- 電子業
- 水泥業
- 餐飲業

 關鍵服務

- 靜電機、清淨機、冷凍機、油煙機等餐飲設備維修保養、安裝、租賃、買賣

 核心資源

- 靜電機的保養維修、安裝設計

 價值主張

- 透過保養維修、安裝設計靜電機減少空氣汙染，達到環保愛地球、永續經營的目標。

 **顧客關係**

- 公司合作

 渠道通路

- 業務開發
- 官網

 客戶群體

- 需要設備的工廠或公司、設備需要保養維修或安裝設計的客戶

 成本結構

技術開發、設備維修、廠房租金、人力、下游外包商

 收益來源

設備維修保養、安裝、租賃、賣出

#C | 創業 TIP 筆記 ✎

- 發自內心對待客戶很重要，這樣才能獲得客戶的信任跟青睞。

- 從學習中找到經驗，從經驗中得到經歷，不懂的就要去摸索，久而久之就能熟能生巧。

- _____
- _____
- _____
- _____
- _____
- _____
- _____
- _____

#D | 影音專訪 LIVE 📹

豐盛健康照顧集團

生命不該受限於年齡，長期照護觀念大洗牌

賴清豐，豐盛健康照顧集團創立人，本身出身於護理相關科系，於求學時期便已立定志向，希望能以「長期照護」這條路為社會做出回饋，二零一五年創辦公司，一路走來縱崎嶇不平，賴清豐仍堅持至今，竭盡心神為台灣長照環境進行歷史改革。

1.2.3.4. 活動照

「希望台灣的長輩能夠由我來照顧。」

求學時期的賴清豐，在一次打工經驗中埋下了創業的種子。當時賴清豐位於一間小小的安養院兼職，一天上班十二小時，月休卻只有短短兩天，然而賴清豐對於離譜的待遇並不在意，在這裡，他看見另一個更急迫的問題，於長時間的觀察底下，賴清豐發現長輩們在院內並沒有得到適當的照顧；畢業後的他隨即進了醫療相關產業，學習醫療器材方面相關的知識開始為創業之道鋪路，幾年後，他回到了台中開始第一次的創業。

賴清豐可說是白手起家，縱使父親前身為企業大亨，前前後後開了數間產業各異的公司，然而時運不濟，於賴清豐創業初期，父親的工廠開始接連倒閉，家中債台高築，什麼都沒有的賴清豐只能硬著頭皮跟朋友借了二十萬便匆匆開始創業之路，當時的賴清豐找了同校的朋友共同合夥，緩慢艱辛地熬過創業初期，兩年後，政府開始頒布實施照護相關的法規，其中一條法令要求照護中心不得使用二次施工過的土地作為標地，對於資金額並不充裕的賴清豐來說，這樣的難題簡直是一道催命符，所幸輾轉奔波下，賴清豐與長生集團決定合併，在長生這般企業體規模宏大公司的保護傘下，賴清豐渡過生存危機，內部的財務壓力終於得以減輕。

然而，天下無不散的筵席，隨著理念與價值觀之間的分歧擴大，賴清豐與長生集團的合作最終走到了盡頭。賴清豐回憶起這段過往，緩慢且慎重地開口：「還是很感謝他們，在合夥期間內真的學到了很多！」累積十來年的經商經驗，回歸單槍匹馬的賴清豐開始往自己最初的夢想前進──給予長者們更好的照護體驗。

誰說老了不能追夢？
長者也可以擁有嶄新人生

賴清豐認為台灣目前的照護環境，若以馬斯洛需求理論作為參照，只滿足了安全需求。所謂的馬斯洛理需求理論是馬斯洛的是亞伯拉罕·馬斯洛

於一九四三年《人類動機的理論》中所提出的觀察結果，簡單分為五大類：

（一）生理需求——維持生存之最低需求

（二）安全需求——生命不受威脅監控之需求

（三）情感需求——被愛、被重視之需求

（四）尊重需求——得到他人認同、信賴之需求

（五）自我實現——實踐個人理想之需求。

由上述我們可得知，賴清豐認為國內目前的養護機構只做到確保長者性命無慮，缺少對於長輩情緒、心理上的照料。

「說難聽一點，照護中心對每個人來說就像是『等死』的地方」

賴清豐話說得直白，他的眸裡有著歲月洗刷後的風霜，那是一雙見證過無數實例炯炯有神的眼睛。賴清豐想改變現況，他認為照護中心該做的、能做的都遠比單單性命無慮多。

在豐盛健康照顧集團，長輩有許多投身戶外活動，像游泳或旅遊，賴清豐想藉此告訴長輩他們的活力並不會因為年紀衰退、因為疾病消逝，為了增進長者們的院內活動率，賴清豐不惜清空整個照護中心的大廳，只為提供足夠的空間給長者們活動，照護中心亦設有健身房等運動設施供長輩使用，在規模較小時的創業初期，他甚至每日親蒞照護中心為長者們帶健康操。

活動照

活動照

然而這一切的福利背後是大量的金錢成本，股東及同行業者對於這樣大筆揮金與建福利設施的行為並不看好，賴清豐承認在這條路上他的確是一直在砸錢，所得利潤一直都不高「想給長輩最好的」簡單一句話，卻是壓在肩上沉甸甸的重擔。

一直以來，豐盛健康照顧集團所有的戶外工作人員皆採自願式報名，家屬亦能報名參與活動，第一是為降低人力成本，第二則是賴清豐並不希望強迫職員外出，他期望職員與長者們之間的互動是建立在互信互愛下，而非單純的雇傭關係。在賴清豐的堅持下，院內的長者們開始有了改變，在新穎的照護模式下長輩們開始對於自己的人生有了不同的想法，他們的生活不再充斥起床吃飯睡覺這般的枯燥行程。除了受惠的長者們，院內的照護人員及長者家屬們在這樣的經營理念下有了轉變；提升的志工報名率、職員與長輩關係的升溫…賴清豐看著這些在自己眼下發生的變化，他知道自己沒有做錯選擇。

決定了一條路，就走到底

問及創業成功關鍵，賴清豐正色道：「我的信念始終一致——如何讓長輩們感到快樂」不管是舉辦外出活動還是增進長者及他人間的互動，皆對院內長輩們的生活革新有著巨大貢獻，藉此長者們獲得全新的生活意義，甚至可以說是信仰。賴清豐的做法徹底改寫了普羅眾世對於長照的定義及想法。

#B | 商業模式圖 BMC

重要合作

• 長生集團

關鍵服務

• 老人照護
• 舉辦戶外活動

核心資源

• 健身器材

價值主張

• 即使一頭灰髮，人還是能夠活得鮮活，生命在任何年紀都可以燦爛。
• 給長輩們最好的照顧，身心靈三者兼具。

顧客關係

• 良善友好
• 重視連結

渠道通路

• 實體據點
• 社群平台

客戶群體

• 年長族群
• 家中長輩有照護需求族群

成本結構

營運成本、器材維修、外出保險費、人事支出

收益來源

長者安置費

#C | 創業 TIP 筆記 ✍

- 危機時刻具有尋求幫助的能力，提高企業生存率。

- 切記自己想為社會帶來何種正面貢獻，堅信企業價值。

- _____
- _____
- _____
- _____
- _____
- _____
- _____
- _____
- _____

#D | 影音專訪 LIVE 📹

豐盛健康照顧集團

https://www.feng-sheng.org/

台中市南屯區楓樹西街 200 號

#A

繆思模麗有限公司

只要一隻手機，歡迎光臨網紅時代！

MUSEMODEL

李承勳（Lucas），繆思模麗有限公司的執行長，年紀輕輕就開始闖蕩創業，秉持著「樂於助人」的信念，以解決別人沒辦法解決的事為主旨，成為直播主信賴及推崇的公司，也成為初入網路娛樂產業年輕人安心安全的首選。

1. 公司內部環境　　　　2. 內部會議
3. 公司行銷部門　　　　4. 菁英主播經驗分享座談會

網路世代崛起，網紅經濟流行

現在是網路發達、資訊爆炸的時代，人手一隻手機，幾乎人人都離不開網路。隨著影音平台和社群媒體逐漸火紅，造就許多網路紅人竄起，現今直播主已是個白熱化的行業，也進而促成了網紅經濟的流行。而在一片茫茫的網紅產業中，繆思模麗有限公司的李承勳（Lucas）執行長，早在網路世代尚未崛起前，就開創了網路公司。在年紀輕輕 16 歲時就開始闖蕩創業，在夜市擺攤賣衣服也經營過酒吧。年輕時的他也覺得網路世界太過虛幻、無法依賴網路賺錢維生，但他家中是經營電腦公司，因此周遭許多人會問他如何使用網路、如何用網路找客人或人才等等的問題，也

讓他發現人們其實會愈來愈依賴網路，網路的需求和重要性會愈來愈高。正巧 20 歲時因緣際會，網路聊天、交友、約會的風氣竄起，他便一腳踏進了網路娛樂演藝傳媒的產業，正因為如此才有現在的「繆思模麗有限公司」。

建立個人品牌，提升直播主專業度

Lucas 坦言自認為從小成績就不好也沒有什麼專長，因此希望能透過創業證明自己的成功。在歷經幾次大起大落的創業過程後，他沉潛了一段時間，放空自己、回歸初心，靜下來反思自己哪裡不足、究竟想要什麼，然後開始自學研讀商業經營、程式開發、公司管理、廣告行銷等成功經商

必備課程，這個過程長達十年之久，就是為了能重回市場再次創業成功。原本 Lucas 只是慢慢布局、默默耕耘，直到電腦直播在中國崛起並蔓延至台灣，知名平台 17 打開手機直播風氣，直播逐漸成為一個炙手可熱的新創行業，Lucas 也開始培訓直播主的專業技能，像是如何行銷自己、如何吸引粉絲，進而創造直播主的媒體印象及人物輪廓。Lucas 的信念─「樂於助人」，很平凡但卻不簡單，他也如此教育員工，以解決別人沒辦法解決的事為主旨，因此在許多委託人眼裡留下好印象、建立起好口碑，漸漸地，Lucas 在業界成為一個值得信賴的品牌，也成功帶起繆思模麗的知名度，連同公司底下的經紀人、行銷、行政等各個部門也建立起個人口碑。

1.2. 繆思模麗執行長李承勳（Lucas）　　3. 執行長與旗下主管

繆思模麗主要服務的對象是網路娛樂演藝產業，協助做網路行銷、替業主的平台找直播主，但 Lucas 認為單靠替業主挖掘人才並不是長久之計，必須讓服務價值倍增。所以有別於其他同行，Lucas 首要培養直播主專業度、提升層級，去發掘每位直播主適合的路線，根據每位直播主特色規劃要在哪一類型的媒體做曝光，進而建立直播主的個人品牌形象。儘管這幾年許多合作的國外平台因不擅經營而倒閉，繆思模麗依然照付直播主薪水，就算會賠錢，也絕不讓直播主的權益受損，因此成為直播主信賴及推崇的公司。因為這樣的堅持，繆思模麗逐漸在網路產業站穩了腳步，成為初入網路娛樂產業年輕人安心安全的首選。

不曾停歇，網路產業千變萬化

在 Lucas 創業初期，許多人投以懷疑的眼光，對於網紅經濟不看好且認為它會曇花一現，所以並不願意投身網路產業，甚至覺得不如簡簡單單當個店員還比較實際，但 Lucas 認為人活著只有短短數十年，應該活的有意義，不該將自己的能力受限於框架之中。他從事網路產業至今已將近十八年之久，據他觀察，網路產業就如同其他 3C 產業一樣不斷在進步，確實，它一直在改變、轉換，但需求始終不曾中斷，而是不斷的演進、不會被消滅的，雖然現在像 Facebook 和 Instagram 這種可以直播的社群媒體平台很多，人人都可以跟著流行拍短視頻或有趣的搞笑影片來吸引目光，但是每個專業直播主都可以算是一個獨立的品牌，粉絲群也更為集中，因此收入來源不僅僅只是單靠直播，公司重點栽培的直播主每個月會有簽約金的收入，公司也會協助處理業配、活動和廠商合作等等。目前繆思模麗的工程開發部門也著手開發新的程式跟平台，希望未來可以創造新的噱頭和商業模式，Lucas 也積極接洽國外主要金流公司，擴張市場，期許繆思模麗可以走向國際。

1. 執行長與旗下主管　　2. 公司內部環境　　3. 公司電視牆直播畫面　　4. 萬聖節交流茶會　　5. 直播主進行直播

1. 拍攝形象照花絮　　　2. 中部辦公室　　　3. 各地區主管會議　　　4. 執行長受邀獨角傳媒專訪

如今，我們看到的繆思模麗代表著 Lucas 的精神，是一間不會停歇，不斷向上攀爬、創新的企業，此外，自開業以來每個月營收都會捐款幫助孩童和協助年輕人就業、傳達正確觀念，Lucas 也參加許多公益團體以行動幫助弱勢，他相信，唯有秉持著正向觀念才有好的人生，進而去感染周圍所有人。

成功不二法門，學習再學習

「你不是我的員工、你是我的夥伴」，是 Lucas 很常對員工說的，他認為公司是個試煉場，員工和公司都要一起成長，所以他給員工很大的空間自我學習，不會很制式化的規定員工該做什麼，反而很願意提供資源給員工去創新、開發新的想法，找出員工過去經驗整合出獨有專長，而不是學校所教死板的流程。他認為網路是個快速變化的產業，每個業者都在比速度，所以也總是灌輸員工「害怕就會停留」的信念，有了新的想法就不要眷戀，盡快去執行、想辦法更有效率，能力才能更提升，唯有自己不斷打破自己，才更能成為有價值的人。

提及創業，Lucas 覺得其實處處都是挑戰，但他從來沒想過要放棄。他常常和員工說到：「不要看執行長這樣，其實我什麼都不是、什麼都不會。」話雖然聽來謙虛、卻也實在，因為 Lucas 認為就是要保持這種狀態，才可以像海綿一樣去吸收學習，不懂就去查、不會就找人問，可以上網搜尋、也可以去找書來看，只要自己願意去學習，方法有很多種，如何管理公司、提拔員工、宣傳行銷、程式設計都是自己摸索學習而來的，有了基本的認知之後才能找到對的人來做對的位置。關於學習，Lucas 有他自己獨特且正面的見解，他認為只要踏出去做，就算失敗頂多也只是回到原點再重來而已，他認為在尚未成功之前，時間都是毫無價值可言的，他並不會把時間列入成本考量，因為沒有人可以代替自己去學習，儘管要花幾個月甚至幾年學習，但只要學會了就是自己的，在成功之後時間才會變得有意義，回頭看自己人生才會不虛度一場，對自己負責。

#B  商業模式圖 BMC

重要合作

- 直播平台
  (17 直播、MeMe Live)
- 交友軟體
  (Ipair)
- 短視頻
  (抖音、快手)

關鍵服務

- 依照廠商需求提供適
  合的直播主商業配合
- 網紅品牌塑形流量變
  現培訓

核心資源

- 直播主
- 新媒體資源曝光

價值主張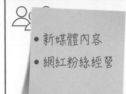

- 以創意及服務達
  到業主需要的廣
  告內容，也為業
  主塑造良好形象。
- 直播主完善課程
  訓練內容。

顧客關係

- 新媒體內容
- 網紅粉絲經營

渠道通路

- 官網
- YouTube
- Facebook
- IG
- 直播短視頻平台

客戶群體

- 需要做廣告行銷
  的廠商
- 新媒體內容創作
- 網紅品牌塑造

成本結構

栽培直播主、程式或平台開發、行銷

收益來源

新媒體內容業配、網紅經紀合約、
網紅附加商品

#C | 創業 TIP 筆記 ✏

- 直播主看似光鮮亮麗，但背後要付出許多努力，還要有能累積粉絲的魅力，才可以達到廠商想要的廣告效果。

- 學習是成功的不二法門，唯有學習可以提升自己的能力，也才能成為更有價值的人。

#D | 影音專訪 LIVE 📹

繆思模麗有限公司

(06)221-9989

https://musemodel.tw/

台南市中西區民權路二段 289 號 2 樓

淨觀國際事業有限公司

神秘的心靈之旅，帶你體驗無限可能！

淨觀心靈

林顯宗，淨觀國際事業有限公司創辦人，他埋首心靈領域數十

年，有天於唯識科學中得到啟發，自發一套「唯識深層溝通」

技術，主打以佛學與現代量子物理為基底的諮商手法，於宗教

中注入科學元素顛覆傳統兩者相悖之觀點，這般前所未聞的療

癒方法立即抓住大眾雙眼，創立二十餘載間已服務超過上百萬

名民眾，於海內外皆有據點，實為享譽國際的成功企業。

活動照（星際派對）

從利他出發，一心為善

熟讀心靈理論的林顯宗發現，人類的行動模式總是不停重蹈覆轍犯一樣的錯、受一樣的傷；他將其歸咎於人們並未真正理解問題的本質，人們總是習慣端看結果並將其作為問題的根本，卻忘記追本溯源，去思考究竟是什麼原因導致眼下的結果。他將生理上的惡瘤比喻作為果，而通常世人的第一反應便是切除壞死的細胞，然而問題並沒有真正解決，衰敗的身體機能、失調的免疫系統等這些根本上的因才是導致惡瘤出現的真正原因。

在這世界上，有許多人為了連自己都不清楚的原因感到迷惘、痛苦，照林顯宗的說法，這些受苦的人們只要透過審視內心，找出所謂的「因」所有困難便能迎刃而解；可，探索心靈哪有這麼容易？目前的科技並無法單純透過肉眼或儀器觀察內心活動，林顯宗見此，他花費數年以自己研究結果結合現代科學，最終推出「唯識深層溝通」這門課程，透過唯識深層溝通能夠引導人們面對自我心靈深處的恐懼，提昇其面對能力，消除心靈障礙、淨化心靈、及喚醒心靈靈性。林顯宗希望能透過自創療法幫助人們面對自己潛藏在心底那些深不見底的黑暗，並在其找到自己悲傷的主

因，進而重建心靈。他補充，唯識深層溝通並不是催眠，於課程中並不會給予人們任何建議或分析，單單僅作為一位傾聽者、引導者的角色。

除了利他，還要利眾！

唯識深層溝通問世後，在全球引起熱議，許多民眾從四面八方前來進行諮商，許多用戶課程結束後紛紛回報自己彷彿如獲新生，林顯宗見證到自己的成功，並沒有因此感到自滿，他看見的是：「原來有這麼多人需要這門技術。」

但凡林顯宗再怎麼厲害，他終究只是一個人、一次只能在一個地方，縱使沒日沒夜地於世界各地

1. 活動照　　2. 教室環境照　　3. 團體照（接福納財活動）　　4. 央視錄影　　5. 活動照（與江本勝博士父子、漢斯先生合影）

奔波，一個月有一半以上都在國外接洽業務，還是無法滿足急遽增加的需求，因此他決心要開辦溝通師培訓課程，他希望透過讓更多人學習到這門技術，來擴大受惠族群。

「我不只想幫助一個人，我想幫助每個人。」

林顯宗以善推動企業，不僅是自己，他也想推動身邊的學員、職員們一同行善，從一個人、十個人、當有越來越多人加入行善的行列，世界將會慢慢地變得更加良善，人們的痛苦來源可能也得以慢慢地減少。

疫情席捲全球，存亡之際轉型

2020 年，新冠肺炎來勢洶洶，橫掃全球產業鏈，許多產業深受疫情所困，只能不斷地虧損最終倒閉，身為國際公司的淨觀自然也深受其擾，唯識深層溝通學員大部分皆散於世界各地，因疫情影響，療癒課程參與率大幅下降。面對這樣的情況，林顯宗化危機為轉機，他推出「線上課程」讓用戶不需親臨場地便能參與唯識深層溝通的療癒課程，此政策一出，不但挽救了直線下滑的營收現況，甚至還帶來超乎預期的觸及率與推廣效果。

殺出疫情重圍的林顯宗，透露目前正在著手下一步大規模企劃－星際智慧研究學院－他表示自己在數十年內透過心靈交流的技術與許多文明交談過，其中便包含外星文明，在這數年間他接收到來自外星的訊息並從中獲得啟發，他希望將他所習得的智慧傳授給世人，教育現存的人類不應拘限於地球這個星球上，而應該培養星際視野、宇宙觀。

1. 團體照（水意識課程）　2. 活動照訪談（與江本勝博士訪談）
3. 活動照（美國西雅圖銀河會議）　4. 活動照

想要成功，你就不能只想著自己

淨觀一路走來，幫助無數的人、家庭，修補許多本應破碎的關係，他將助人視為己任，而非營利手段，也是這樣無私的善心打動人們，許多人千里迢迢前來中心為體驗唯識深層溝通，他們滿懷希望地前來，而淨觀也不願辜負他們的期待，持續培養專業溝通師駐派至世界各地，幫助那些我們看不見卻不斷哭喊的善男信女。林顯宗始終走在他堅守的信條上一助人、渡人。

#B | 商業模式圖 BMC

重要合作

- 國內外合作夥伴

關鍵服務

- 唯識深層溝通
- 溝通師培訓

核心資源

- 佛學結合科學
- 專業溝通師

價值主張

- 以溝通法搭配諮商手法幫助人們找出生活癥結點，幫助他們擁有更快樂的人生，不再為過往所苦。

顧客關係

- 亦師亦友
- 引導角色
- 一對一服務

渠道通路

- 實體據點
- 社群平台
- 官方網站

客戶群體

- 對宗教有興趣者
- 有心靈成長需求者

成本結構

中心維護費用、營運成本、網路平台架設成本

收益來源

課程收費、溝通師培訓

#C | 創業 TIP 筆記 ✎

- 一己之力有限，團結才能成大事。

- 幫助別人便等於幫助自己。

- _____
- _____
- _____
- _____
- _____
- _____
- _____
- _____
- _____

#D | 影音專訪 LIVE 📹

淨觀國際事業有限公司

•LIVE ▶

(04)2382-7800
https://uoklighten.weebly.com/
https://www.youtube.com/user/jingguan1010
https://www.facebook.com/taiwanjinguan
台中市南屯區永春東路 800 號

#A

和泉健康節能有限公司

你知道嗎？比塵蟎更可怕的過敏原！

李芯彤，和泉健康節能有限公司負責人。自幼深受過敏所苦的李芯彤直很希望能夠擺脫過敏兒的身分，成年以後在機緣巧合下她決定以創業來實現自己的夢想，李芯彤於 2018 年設立和泉健康節能有限公司，以除甲醛為主要服務項目。

1. 109 年新北市政府住宅消保會舉辦裝修驗收講座
2.3. 住宅消保會 109 年度頒發最值得信賴業者獎狀
4. 在扶輪社推廣除醛

打噴嚏、流鼻水的過敏日常

你有過敏嗎？根據研究顯示國內台灣每 3 人就有 1 人患有鼻過敏症狀，由於台灣環境潮濕，高溫、濕熱的環境成了細菌、病毒及過敏原孳生的溫床。過敏兒的比例其實比人們想像得多上許多，其引發的症狀會根據體質有所改變，舉凡流鼻水、打噴嚏、眼睛紅、耳朵癢、皮膚搔癢、咳嗽甚至氣喘都有。過敏不只是單純的季節性不適，長期下來會造成身體疲累、工作效率變低、專注力下降等影響，進而於免疫系統打出一道破口，因此深受過敏其苦的人們普遍身體素質較一般人低落，李芯彤也是其一。自小到大，李芯彤總是隨身攜帶面紙、口罩，全副武裝儘量避免接觸到

過敏原，她熟知鼻子被擤紅的痛楚、脫皮的乾澀，對過敏這件事情李芯彤可以說是：討厭極了！但她既沒有辦法搬到國外，也沒辦法改變自己的體質，對於過敏她只能當作討厭卻甩不掉的親戚，勉強地忍耐著擺脫不了的苦楚。

過往李芯彤待過許多產業，舉凡房仲、櫃姐、貸款行員、業務…，生性愛好自由的她對制式化體系並不適應，雖然一直有自己創業的念頭，但礙於對切入點、資金的疑慮…等，她始終駐足在觀望階段，這一切在李芯彤遇見一名負責清洗自來水管的工人後終於有了關鍵性的變化。透過與工人的交談，李芯彤發現人們其實對於「清洗」的需求比想像中的大，也發現正確的清洗其實能夠過篩掉許多看不見的過敏原，幫助許多與她一樣

深受過敏其害的人們，李芯彤多年來的不確定總算有了明確的方向。

義無反顧的精神，為了家人拼搏

決定以清洗水管為起始服務項目的李芯彤第一個要做的便是招兵買馬，說巧不巧，又或許是命運使然，當時爸爸與叔叔因為工作的工廠意外失火而丟了工作，李芯彤看中爸爸與叔叔多年的技工經驗，表述自己創業的想法後爸爸與叔叔加入團隊，雖然對清洗行業可以說是一竅不通，但抱著對親人的信任與支持，兩位二話不說便加入和泉；爾後，李芯彤負責業務開發，爸爸與叔叔則負責技術實行，這便是和泉健康節能的企業雛形。

1. 定期去里民辦事處推廣
2. 客戶除醛完非常安心要求合照推廣給親友
3.4. 除醛施工照

用行動改變惡有環境，還給大家健康的生活

和泉健康節能的服務項目一開始主要是自來水管的清洗，然而這類型的產業在本地尚未普及，在推廣以及教育客戶這塊李芯彤花了不少苦心，她只能不斷參與活動、商務會議藉此拓展人脈，同時將經費火力全開砸在曝光上，在李芯彤不懈的努力下，漸漸有客戶主動找上門來，憑靠物超所值的服務和泉經營日趨穩定。

除了清洗自來水管，和泉亦設有除甲醛服務；甲醛因具有防腐、防霉、防皺、定色、定味、定型、黏著等功效，所以經常摻入在木材、油漆、塗料、日常用品裡，然而甲醛實則是把雙面刃，它是國際癌症研究總署（IARC）認定的第一級致癌物，小朋友長期暴露在甲醛下將有可能觸發白血病等疾病，更不用提甲醛即是呼吸道一大過敏原；種種事實考證下，李芯彤認為甲醛以及類似的高揮發有機物是更具威脅性的一級致癌物，她興起增設除甲醛的服務項目的念頭，除了為確切落實幫助他人的理念，也是為更有效地將和泉與其他企業區隔開來，秉持著這樣的念頭，芯彤開始進行企業轉型，除了本業水管清洗，漸漸將服務重點移至除甲醛上；她轉型的決定迎來意想不到的關注與認同，然而市場接受度卻普遍低落，芯彤內心清楚距離除醛服務普及還有一段很長的路要走。

為優化服務體驗，芯彤聯合台美團隊打造一系列除醛產品，產品品質自是不在話下，目前已通過多項檢驗考核，特別的是其商品從包裝到內材皆可回收再使用，全面體現和泉愛人愛己的企業精神；與此同時，她亦積極推廣甲醛對人體的危害，致力傳遞正確的健康觀，於不懈的努力下，許多醫師紛紛響應，為實際回饋公眾，芯彤表示會將和泉部分產品所得捐獻給血癌基金會，幫助更多需要的族群。

奶奶的笑容是我最大的動力！

和泉開創以來歷經的波折並沒有別人少，如開發壓力、品牌冷門、消費者既有觀念…李芯彤一路上碰到了大大小小的難題，而支持著李芯彤向前的動力便是家人，尤其是家中那位白髮蒼蒼，始終面帶慈容的奶奶。

李芯彤表示自己並不是沒有想過要放棄，她也是人，也會難受、挫折、感到痛苦與迷茫，但這些負面的念頭總在見到奶奶的那一刻煙消雲散；奶奶總是十分關心李芯彤的創業情形，時不時地便會關心李芯彤的近況並溫暖地鼓勵她，看著奶奶驕傲的神情與上揚的嘴角，不管在外受了多大的委屈，李芯彤也總是默默將嘴邊那些抱怨吞回肚裡，選擇將之轉為鞭策自我的動機，勇敢爬起身子，繼續帶著家人走向更好的生活。

#B 商業模式圖 BMC

 重要合作

- 住宅消保會
- 月子中心

 關鍵服務

- 除甲醛
- 管線清潔

 核心資源

- 化工博士
- 技工團隊

 價值主張

- 幫助家庭塑造一個安全無疑的環境，同時重新教育客戶消費觀。

 顧客關係

- 亦師亦友
- 雙邊互動

 渠道通路

- 實體聚點
- 社群平台
- 電子商家

 客戶群體

- 設計師
- 過敏兒
- 企業主

 成本結構

營運費用、技工聘用、水電支出、人事成本

 收益來源

服務費用

#C | 創業 TIP 筆記 📝

- 工具拆解 DIY 化，加強顧客參與感。

- 挖掘冷門市場，解決公眾問題。

- _____
- _____
- _____
- _____
- _____
- _____
- _____
- _____
- _____

#D | 影音專訪 LIVE

洗旺國際有限公司

傳統產業升級再造，技壓四方的洗滌服務

Wash One
洗旺國際有限公司
Wash One International Ltd.

王志峯，洗旺國際有限公司總經理，長期待在電子產業的他，在一次下班接小孩的途中產生了改變生活方式的想法，而後決定從創業出發改變自己的上班族人生，與太太倆人於 2014 年合力創辦洗旺，以清洗飯店備品為主要服務項目，憑藉同業缺少的專業企業模組與經營手法成功打進市場。

1. 第 16 屆金展獎優良事蹟獎
2. 協助參加市府心障者徵才活動
3. 協助提供身障者職場觀摩體驗活動
4. 採用 ECOLAB 洗劑及自動注藥機，成本高但品質更有保障

孩子一生一次的童年，我不想錯過！

電子產業是研製和生產電子設備及各種電子生產設備、電子製造服務的產業集合體，包囊業務多如牛毛，超時加班、早出晚歸在這個產業可說是稀鬆平常，而王志峯也在長年歲月下習慣了這樣的生活：匆匆扒光的便當、行程緊湊的排程。

某個平凡的日子，王志峯一如往常地從早忙到晚，等他有空看向手錶時間已經來到 7:35，遠遠超過應該去接孩子的時間，自責與慌張同時發酵，王志峯疾風厲行地趕到幼兒園將孩子接送回家，到達後原本以為孩子會折騰一番鬧脾氣，事實卻是截然相反，看著後座乖巧懂事的小孩，王志峯心裡有心疼也有說不出口的複雜。這一刻，王志峯回顧起自己的人生，不知從幾何時他將所有的心力都投注在工作上，卻忘了身邊最重要的家人，甚至是他的孩子。

時間彈性的工作？毅然走上創業

回到家後的王志峯並沒有忘卻方才油然而生的想法，他找上偕手多年的太太，向她分享自己的想法，太太安靜地聽完王志峯的話，微笑表示支持王志峯的決定，倆人經過一番討論，決定以創業作為理想生活的跳板。

創業之前，王志峯暫待過管顧公司，利用工作機會接觸企業主，瞭解他們背後的創業理念與創業結構，認真為創業前期作準備；一段時間的觀察下，王志峯認為台灣未來會以觀光和服務業作為主要產業載體，而觀光業所包含的飯店、住宿免不了物品的送洗、清潔，發現市場需求的夫妻倆決心投入洗滌業，洗旺正式啟動。

導入電子業模組，創造新興洗滌業文化

洗旺的服務項目主要是以飯店備品清潔為主，如床單、浴巾、腳踏墊等皆在服務範圍內。然而與一般同業不同的是，傳統洗滌業與顧客之間為單純的「僱傭關係」：顧客將東西送來，廠商負責

1. 107 年全國愛心楷模獎牌
2. 107 年全國愛心楷模廠商受獎
3. 工廠一隅
4. Apex_Ivy（創業夥伴兼夫妻）

清洗送回；然而洗旺與顧客之間卻是鮮有的「夥伴關係」洗旺引進了科技產業獨有的品管技術與 SOP 流程，洗旺透過這些技術提供給顧客同業無法給出的資料數據，舉凡不良品報告、產品分析報告等…，幫助顧客找出產品癥結點並從而改善，藉此與顧客之間建立良好的回饋制度。

將電子產業制度引進傳統產業的想法來自於王志峯夫妻倆人，他表示自己發現這是其他同業所缺乏的技術，而能將想法付諸實行，則得歸功於夫妻倆人在電子業打滾多年的經歷。

除了擴張產品服務面向，王志峯也沒忘了與客人間的交流；他創立了一個群組，每個客戶但凡遇上任何商品上的狀況或是需求皆能馬上與他連繫，不像其他行業通常需要等待第三方窗口回覆。貼心、人性化的客服系統馬上便打動了客戶的心，許多客戶極力讚許王志峯的經營策略，如紙片般紛飛而來的肯定，讓王志峯知道自己沒有做錯選擇，即使忙得不可開交，他臉上的笑意卻絲毫不減半分。

異業結盟多角化，帶動同業共生共容

不管是多麼成功的創業家，一路走來肯定也是跌得坑坑巴巴，沒有任何創業是一帆風順，毫無窒礙地成就大事，洗旺也不例外，甫創業初期便遇上了兩個大瓶頸。

（一）知名度不足：名不見經傳的洗旺，在洗滌業興盛的中部並不被待見，為此夫妻倆人初期挨家挨戶登門拜訪分發名片、介紹經營理念等，無所不用其極地推廣品牌。

（二）同業圍剿：面臨洗旺這種新手進入市場的情況，許多同行備感威脅，深怕自己被分掉一杯羹，為此不惜聯合起來攻擊、批評洗旺，面對這樣的情況，王志峯無奈地表示：「當初為了活下來，不得不在初期以削價競爭的方手法來爭取曝光和接單，但這樣傷害同業的行為並非夫妻倆人所願；為此，洗旺經營穩定後逐年提高價格，拒絕成為價格破壞者，致力提升洗滌業的價值。」

王志峯期盼改善行業風氣，他鼓勵同行於疫情影響市場經濟的期間，利用空檔提升產品品質，從而提升單價利潤，帶動洗滌業發展。

現在市場趨勢下單打獨鬥已不是唯一選項，透過橫向／縱向的產業結盟，才能於浮動的大環境下站穩根基，光靠一個人要完成一件大事很難，但團隊能夠透過專業分工、各司其職有效地往目標前進，多角合作勢必成為未來趨勢，王志峯深諳其道，因此他積極開發多元的合作對象，洗旺目前已與許多產業協商聯盟，準備投入多角經營，勢必成為未來產業新星。

#B  商業模式圖 BMC

 重要合作

- 國際洗劑品牌

關鍵服務

- 洗滌備品
- 資料分析
- 數據回饋
- 售後服務

 核心資源

- SOP 流程
- 科技業經營
- 模組

價值主張

- 除了洗滌產品本身，以電子行業經營模組提供產品數據、耗材率等資訊。

顧客關係

- 互惠共生
- 雙向溝通

渠道通路

- 實體據點
- 社群平台

客戶群體

- 觀光旅遊業者
- 飯店 & 旅館業主
- 備品清潔需求族群

成本結構

工廠營運、人力成本、設備採購、材料進口

收益來源

服務費用

#C | 創業 TIP 筆記 ✏

- 產品區隔化，供應他人無法取代的服務、價值。

- 比起競爭，更該思考的是如何帶動整體產業繁榮。

- _____
- _____
- _____
- _____
- _____
- _____
- _____
- _____
- _____

#D | 影音專訪 LIVE 📹

洗旺國際有限公司

(04)2496-2608

http://www.wash-one.com.tw/index.html

臺中市大里區仁化路 452 號

#A

韓誠作文

以孩子出發的學習，改寫傳統補教文化

韓秋麟，韓誠作文創辦人，原先便是作文老師出身的他，在幾番周折下設立韓誠作文班。韓誠作文專精國小至高中國語文、作文輔導，他們主張「孩子像一顆種子，當溫度、濕度對了，就會發芽。」在孩子學習作文過程中，要挑出孩子的缺點十分容易，可是，韓秋麟相信每一個孩子一定有自己的優點，只要懂得欣賞孩子的優點，肯定孩子的每一分努力，每一個孩子都可以寫出屬於自己的好文章。

1.2.3. 上課照　　　　4. 課後作文作業輔導照

無心插柳柳成蔭，善意開啟的創業之路

作文老師出身的韓秋麟，創業前的生活相當單純：每天前往才藝班上課、督導學生進度、為學生解惑、下課鐘響、回家改作文。薪資穩定，生活簡單而怡然自得。

一切的改變來自於小孩上小一那一年，為了幫助孩子，能於學習之初紮穩根基，韓秋麟主動向學校提出自己願意於晨間時段為該班學生進行國語文輔導，除了可以指導自己的小孩外，也可以提升其他孩子國語文的基礎。學校與班導樂觀其成，沒想到這一舉措，竟引發漣漪效應，許多家長見賢思齊，紛紛貢獻自己的專長，投身晨間課程的行列，使得該班週一至週五的晨間時光，熱鬧而充實。

經過一段時間後，韓秋麟與家長們日漸熟識，某日，幾位家長向他提出希望孩子能在晨間教學以外的時段繼續接受輔導，然而韓秋麟本身工作早已應接不暇，縱使對於這個點子感到雀躍，當下他並沒有馬上同意。回到家，韓秋麟與太太進行一番討論，最終對教育的熱忱仍戰勝一切困難，韓秋麟決定另擇時段於學生下課後開班。他與這幾個有志一同的家長在學校附近租了間老舊的透天厝，將一樓的空間騰出來提供孩子們的學習場域，並只收取足夠繳出房租的學費，沒有一毛進

自己口袋，然而對此韓秋麟卻是甘之如飴。

如雷落下的打擊，站穩腳步重新出發

好景不常，興許是同業對補教競爭的敏感度，第三個月韓秋麟便收到違法立案補習班的檢舉。韓秋麟向社會局官員解釋僅是家教性質，只為幾人輔導作文，希望能從寬處理。但是，社會局不為所動，堅持解散。面對這樣的窘境，只有解散與立案的兩個選項，但是開設補習班茲事體大，不但要找到合法立案的建築物外，資金的注投入也是一項冒險的賭注，韓秋麟陷入長考。經過一番掙扎後，在身邊家人與家長的鼓勵下，他毅然決

1. 教室照　　2. 教室書藏一隅　　3. 詩詞「時間線」桌遊
4. 成語拼拼樂遊戲　　5. 上課照　　6. 全國徵文比賽頒發獎金

然決定創業，他要開創一間具有特色的專業作文班。因為工作的關係，他發現目前大部分的作文班都是附屬在安親班中，沒有專屬的學習空間、課後閱讀空間不足，也沒有充足的課外讀物……，為實現心目中理想的作文班藍圖，韓秋麟費盡一番心思，終於逐步構建心目中理想的教學場域，將其命名為韓誠作文補習班，並正式立案經營。

韓誠作文的服務客層從國小、國中泛至高中，是一間專精於國語文、作文能力培養的補習班。韓秋麟表示，希望未來大家提起作文教育，第一個便能想到韓誠作文。

孩子才是教育的主角，扭轉舊有思想

韓誠教育的核心價值為—「時機到了，學生就會表現出來。」韓秋麟認為每個孩子都是一棵未經培養的種子，在對的濕度、溫度下就會萌芽。然而，許多家長只在乎眼下的成果，忽略了成長的過程其實需要時間。他們總會試圖與家長溝通教育理念，希望師長以「賞識」與「寬容」的方式教導自己的小孩。韓秋麟認為，師長就像農夫，並不能控制稻子的生長速度，唯一能作的便是提供稻子所需的養分與生長環境，並用心照料，施肥、灌溉、除草……，至於某一棵稻子結穗是否比另一棵稻子多，不是最重要的事。他笑著說，只要孩子認真學習成長，每一個孩子都是老師心目中的好稻子。

韓秋麟總會在孩子第一堂課結束後，跟家長聯絡，並向他們說明自己的教學理念與原則。

「一、請學生不要遲到、早退、或請假。」

「二、對學習成效不滿意請不要急著斥責孩子，請先找我了解。」

「三、學習上遇到任何語文、作文問題，請撥打我的手機，隨時都可以。」

韓秋麟認為孩子若表現不盡人意，應是身為師長的自己進行檢討並改善，而非一味苛責孩子；另外，他認為家長既然會把孩子送到作文班上課，就代表之前家長教育孩子的方法其實是缺乏成效，希望家長能接受他的教學方式與安排。他認為每個孩子本來就有學習上的差異，首先要認清這個本質，尊重差異，因材施教，假以時日，就能看出效果。韓秋麟堅信只要給孩子時間與耐心，他們肯定能在對的時間萌出新芽、結出果實。

全新學習方法，不再只是死讀書

韓誠現在於業界已打出一片名聲，事業體也漸趨穩定，韓秋麟透露目前正在積極研發國語文相關的桌遊產品。以桌遊、分組討論為基底的互動式學習方法，在國內論文與國外已被證實享有成效驚人的回饋，甚至遠勝於填鴨式呆板的教學。很可惜的是，目前台灣「玩中學，學中玩」的教育模式並未普及或認同，因此韓秋麟希望能夠運用多元學習的方式，在體制外的學習系統裡，戮力提升孩子們對學習興趣以及效率。

另外韓秋麟也提到，他希望建立制度，輔導韓誠的老師們創業，透過共同合作打造「社區式作文學習中心」模式，複製韓誠作文的教學與經營理念，深耕台灣的國語文、作文教育，為台灣的孩子奠定紮實的國語文基礎。

#B  商業模式圖 BMC

 重要合作

- 學校晨間課程
- 自媒體宣傳

關鍵服務

- 國語文、作文科目補習

核心資源

- 專業師資
- 主題式教材
- 多媒體教學

 價值主張

- 主張以孩子出發的教育，落實因材施教，推廣「賞識」教育，一掃台灣填鴨式教育風氣。

 顧客關係

- 聽取每個孩子的想法，透過多樣教學模式與課程激發他們潛能

渠道通路

- 實體據點
- 社群平台

 客戶群體

- 學生族群
- 家有孩童族群
- 雙薪家庭

成本結構

人事成本、租貸房租、水電費用、書籍購買

收益來源

- 課程費用

#C 創業 TIP 筆記 🖊

- 將學習權還給孩子，給孩子絕對的自由發揮能力。

- 不懈努力並心懷熱情，終將成就理想。

- _____
- _____
- _____
- _____
- _____
- _____
- _____
- _____
- _____

#D 影音專訪 LIVE 📹

韓誠作文

LIVE ▶

(04)2375-2959

https://www.sunflower.idv.tw

https://zh-tw.facebook.com/h59575

臺中市西區朝陽街 105 號

球客道

球客道的品牌故事

陳文田，球客道餐飲連鎖創辦人。非餐飲科系出身的他，因於機緣創立了球客道，即便創業出於外行，也澆不熄創辦人對未來的理想，創辦人堅持使用高檔新鮮食材，目的是為與市場商品進行區隔，即便耗費高成本也要呈現最好的飲品、餐點給每位顧客。球客道這套信念迅速於競爭激烈的餐飲業打出知名度，目前已成為台中家喻戶曉的精緻炸物店。

1. 茶咖機高速運轉調製美味飲品　　2. 使用頂級茶咖機製作飲品中
3. 採用新鮮水果打出獨家冰沙　　　4. 進口調理機

只想給家人最好最安全最舒適的家

二十八歲對創辦人來說是人生一大轉捩點，那年哥哥去世，身處殯葬業的他更體會到生命無常。創辦人開始擔心倘若有一天意外降臨，自己能留下些什麼？

身為家中經濟支柱的他，如果有天就這麼走了，家人該怎麼辦才好？這些念頭不斷盤旋在他的腦袋，他開始萌生開創企業的想法，創辦人不單單只是想開一間公司，他要的是一間能夠生生不息、不斷擴張的連鎖企業；可惜的是，目前自己所在的殯葬業並無法滿足這項條件。

真正開始創業源於一起插曲，由於殯葬業中的告別式需要提供茶水招待貴賓，以往都會與手搖店配合茶水桶進出，沒想到某年冬天，飲品店老闆臨時拒絕配合，眼看著就要開天窗，創辦人一瞬間亂了分寸，但他知道問題仍得解決，他一腳跑到北部學習茶飲，最後成功解決危機，學後有成的他在台中開了第一間飲料店，身為虔誠道教徒的他，在師父的建議下開始加賣鹹酥雞，雖然對炸物可說是一竅不通，但他選擇相信師傅、相信自己，不顧家人極力反對，他全身投入創業，主打炸物、飲品，這便是球客道的企業雛型。

餐廳食材親民價格的炸物店

以精緻炸物的形象出道，球客道販售的總共有六樣餐點：鮮腿排、超牛B、干貝球、魷王炸、鱈在燒、蔬樂餅；經營一年後陸續又研發了現萃飲品、鮮果冰沙，歐式麵包，嚴選咖啡等新項目，看似少量的產品背後其實是數不盡的血淚結晶。

球客道販賣的鮮腿排與市面上的雞排大有不同，一般雞排通常指的是雞胸肉，其腥味較重通常需醃製，但醃製食品吃多對人體百害而無一利，為顧客健康著想，球客道特地選用較無腥味的雞腿排去除醃製過程，同時嚴格把關生鮮品質；雖然

1.2. 明亮清爽的用餐環境　　　3. 飲品全系列產品照　　　4. 寬敞透光的用餐環境
5. 環境照（會議室）　6. 夥伴用心烘烤麵包　　　7. 外部環境視角　　　8. 可愛的黃色設計主調

賣的是炸物，創辦人仍希望能透過食材單純化提供給客人相對安全、天然的商品。

除了鮮腿排以外，球客道的炸牛排也是一大熱賣商品，大手筆選用澳洲菲力，並於製作過程採低溫熟成舒肥法，提升鮮美口感。以往只能在日本料理、高級餐廳中見到的料理，如今只要一張百元鈔便能享用超值美味，即使耗費成本相對高昂，創辦人仍不改初心，他要賣的是大眾吃的到、吃得起的食物。

球客道的信念及邁向歐洲之路

球客道其命名除了諧音「求客到」的寓意外，每個字拆開分別皆代表不同的意義。

「球」是因為創辦人相當喜愛足球，除了裝潢之外，店內四處可見足球造型傢俱，二樓還設置一面擺滿足球的網美牆，特色十足的場域地吸引到許多顧客紛紛前來朝聖。另外，除了空間外，創辦人還埋下一個足球小彩蛋——品牌 logo ——其寄託著創辦人想進軍歐洲市場的夢想，盛行於歐洲的足球對他來說除了是興趣更是事業精神指標。

「道」指的是茶道，球客道有別其他連鎖店，其所提供的附餐飲料是鮮萃茶飲與天然小農冰沙。

「客」指的當然就是客人，客字由「宀」（房屋）+「各」（每個）組合而成，合體寓意為：「給每個消費者回到家的感覺」

簡單三個字，卻蘊藏著創辦人對其事業體的期望。他不惜以高成本只為給客人最好的餐點，希望將球客道餐飲連鎖打造成一處公共空間，透過舒適、溫暖的氛圍讓客人即離開後仍流連忘返。

區隔商品市場差異化，一路艱辛困難

一路走來，創辦人也遇過不少難題。第一點餐點品質系統化：與一般炸物店不同，球客道堅持各樣食材需依照規定的溫度、時間進行烹飪，然而即便是同一批肉品，仍會因肌肉、脂肪各異而有克數上差異，創辦人為準確設計出餐 SOP，著實花了不少心血。

另外飲品部分，創辦人堅持每杯現萃原味茶必須馥郁茶香但不澀口，他特地選用南投在地茶葉，並選購頂級茶咖機現萃取液；冰沙則是採新鮮水果製作而成，同時利用急速冷凍鎖住果香；球客道所有的堅持皆是為將新鮮、美味兩者完美保存，提供顧客最物超所值的消費體驗。

球客道目前皆以直營店作為連鎖渠道，在設備保養、制度教育上的要求比一般的加盟體系高上許多，為達到商品統一優化，創辦人耗費許多時間改良商品，對創辦人來說，球客道並不亞於自己的生命，甚至超越他的生命。

除了餐飲本身，球客道亦提供會議室租借的服務，兼職直銷的創辦人發現要找到較小設備又齊全的開會空間並不容易，因此特於球客道內部加設一處 VIP 會議室供顧客付費使用，提供消費者一間可開會、上課的舒適場域。

在創辦人的創業路上，他總是不停思考該如何提升顧客的用餐體驗，球客道亦在創辦人獨到的思維下漸漸與其他同業區隔開來，搖身一變成為獨樹一幟的餐飲企業，目前球客道也正在陸續與志同道合的夥伴們為了企業共同努力，立志成為本地發光發熱的品牌指標。

1. 店內炸物全品項
2. 小農水果特製冰沙
3. 精緻優雅的茶飲圖
4. 現烤手工麵包放置冷卻

#B 商業模式圖 BMC

 重要合作

- 在地小農
- 日本食材進口商

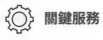 **關鍵服務**

- 炸物／飲品販售
- 會議室出租

 核心資源

- SOP 製程
- 日本原物料

價值主張

- 不惜成本，呈現給顧客最好的餐點。以台灣為起點，扎穩根基打進歐洲市場。

 顧客關係

- 雙邊連結

 渠道通路

- 實體據點
- 社群平台

 客戶群體

- 喜愛美食者
- 注重食材新鮮度者
- 業務人員
- 學生族群
- 需要小型會議族群

 成本結構

食材進口、營運成本、人本支出、教育訓練

 收益來源

餐飲販售、出租費用

#C | 創業 TIP 筆記

- 路對就不怕路遠，堅持是成功唯一的捷徑。

- 吃苦是為了以後不想吃土。

- _____
- _____
- _____
- _____
- _____
- _____
- _____
- _____
- _____

#D | 影音專訪 LIVE

球客道

• LIVE ▶

(04)2222-0019

https://reurl.cc/R18Dxr

台中市東區復興路四段 156 號

RS 手工花藝禮坊

永生的燦爛，不凋花獨有的浪漫

林嘉萱，RS(全名：Rainbow Syuan) 手工花藝禮坊負責人，原本對花藝絲毫不感興趣的她，在一次意外下開啟了花藝之旅，從興趣起家到創業，即便過程經歷無數挫折與反對，現今的 RS 已打出自己的一片天，提供多方面服務並以精美品質聞名國內外。

1.2.3.4. 商品照

不親自嘗試，你永遠不會知道自己有多大的潛力

林嘉萱在創業前身分為一般的全職家庭主婦，整天的行程皆繞著家庭為中心團團轉，走上花藝這條路全是意外。若干年前，林嘉萱兄長搭上娃娃機熱潮，開了間娃娃機店，隨口問起林嘉萱：「妳要不要作點什麼來當作獎品放在展示櫃？」她當下腦袋一片空白，久未踏入職場的她對於自己的能力毫無頭緒，輾轉嘗試下，林嘉萱揭見自己的答案——花。

花，集嬌弱、纖細、美麗於一身，顏色爭奇鬥艷，儀態綽約多姿，然而再美麗的花皆會於歲月之下漸漸乾枯、凋零、最終死去；林嘉萱並不喜歡這樣的結局，她對此感到悲傷，以前的她甚至不喜歡花，在她的世界裡那僅是等待腐敗的存在，然而在一腳踏入永生花的領域後，隨著創作出各式各樣的作品，林嘉萱開始在花中看見生命。

興趣到創業之間狹長的鴻溝

一開始只把花藝作為興趣的林嘉萱，動機十分單純，同前文所提只是想「創作出些什麼」，然而隨著時間推移，她發現自己對於花藝富有極大熱忱，每當成品一出，她總會出神地望著成品老半天，訝然地望著自己手上那束停在盛開時節的花朵。

慢慢地，為了讓顧客有更多樣的選擇，林嘉萱開始將產品線延伸，不再只是單純地提供給兄長的娃娃機使用，也提供給喜愛永生花的客人們選購。興許是看著生意漸入佳境，林嘉萱開始萌生創業的念頭，然而到 RS 手工花藝禮坊正式啟動前，她亦嚐過不少苦頭。

第一個遭遇的困難是「技術成分」，相較其他同業晚入行的她得花上加倍甚至更多的時間來填補硬實力上的差距，為此林嘉萱總是至日出忙到日落時分，伴著微亮的天光入睡對那時的她來說可說是家常便飯。隻身一人創業的她，泛至尋找資料、上架商品、客服回覆等的大小事全都得由林嘉萱一手包辦，她對此從沒喊過一聲累，她只是埋頭苦幹，希望自己的事業也能像含苞的鮮花般透過時間的催化綻放。

然而，這一切的辛勞看在林嘉萱家人眼中卻只到

1. 創辦人合照　　2.3.4.5. 商品照

一句——「為什麼？」他們並不理解林嘉萱投擲心力的原因，不就是興趣、玩玩而已嗎？林嘉萱在初期常常聽到這樣的質疑，但她並沒有選擇聽從這些嘈雜的聲音，她專心一志，堅持將興趣做大的宏願，興許是一旁的親人們終於意識到林嘉萱並非玩玩而已，他們不再出言勸阻，甚至幫起忙來，得到家人們支持的林嘉萱如虎添翼，開始朝自己的創業夢大步邁進。

我想要給客人的，不只是一束花而已

RS 手工花藝禮坊除了一般 / 客製化商品購買，最特別的是它亦提供課程學習與材料進口服務，林嘉萱認為有許多對花藝有興趣的族群，對原物料與技術的取得並不瞭解，這些抱有熱忱的人讓林嘉萱想起了創業前的自己，因此她希望創立了一個窗口，在專業與業餘間搭起一道友善的橋梁，讓喜歡花藝的朋友有自己動手學習的機會

RS 材料進口源有日本、西班牙與大陸三者，客人可以自由選擇自己欲購買的材料來源，不論是來自哪裡的材料，林嘉萱皆堅持品質必須達到她設立的標準，即使使用進口材料需得承擔極高的損壞率，她仍沒有放棄這項原則，這般始終不懈帶 RS 手工花藝禮坊一步步壯大至今。

林嘉萱補充以往 RS 堅持商品必須當天出貨，然而長期下來對公司造成相當大的負擔，認知到這點的林嘉萱馬上決定將出貨期限緩至兩個工作天，目前找到足夠的人手解決人事成本上的壓力為 RS 首當其衝的目標。

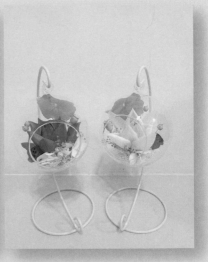

商品照

不要害怕改變，相信自己

「一次做不好，做十次總可以了吧！」

林嘉萱創業一路走來從無到有，她並不是花藝出身的行家，一開始的她只是一位喜愛花朵的母親，然而隨著對該行業的深入，她發現到自己的不足，並付出許多心力與血汗拼命追上他者，不為別的，只為一份純摯的熱忱，也是靠著這份純粹的感情，才有今日我們所見的 RS 手工花藝禮坊。

#B  商業模式圖 BMC

 重要合作

- 國外花材進口商

 **關鍵服務**

- 永生花販售
- 花卉課程
- 花卉材料販售
- 客製化商品

 核心資源

- 多年花藝實作

價值主張

- 給客人最好的花材，除了商品以外想帶給客戶額外的附加價值，如對花卉的瞭解、實際操作體驗等。

 顧客關係

- 亦師亦友
- 重視回饋
- 一視同仁

 渠道通路

- 實體店鋪
- 電子商家
- 社群網站

 客戶群體

- 對花藝有興趣族群

 成本結構

營運成本、進口材料、水電費用、進修成本

 收益來源

花卉販售、課程費用、材料販售

#C | 創業　TIP
　　　筆記 ✎

- 創業的動機可以很單純，可以只是因為喜歡。

- 珍惜擁有的一切，爭取尚未擁有的一切。

- _____

- _____

- _____

- _____

- _____

- _____

- _____

- _____

- _____

#D | 影音專訪 LIVE 📹

RS 手工花藝禮坊

• LIVE ▶

yano1345@me.com

https://rainbow-syuan.com/

桃園區龜山區三民路 10 號 2 樓

#A

炙熱的靈魂奏出的創業交響曲

翔韻音樂舞蹈藝術中心

Xiang yun
翔韻音樂 藝術中心
太平旗艦店:太平區東平路558院
上　署　店:台中市北區一號小教院

陳莉真，翔韻音樂舞蹈藝術中心藝術總監，從小懷有音樂夢的她，高中後進入大學就讀音樂系，畢業前往間加拿大留學，取得音樂教育碩士。熱愛音樂的她，為了與更多人分享音樂的美好，於 2005 年 6 月 5 日正式成立翔韻音樂舞蹈藝術中心。

1.2. 活動照　　3.4. 環境照

赤手空拳勇敢追夢，把握每次機會

陳莉真出生於務農家庭，家境並不特別寬裕，然而自小她便夢想著有一天自己能成為真正的音樂家。高中那年她靠著半工半讀辛苦賺來的積蓄，開始了自己的音樂之路。陳莉真以鋼琴入門，天賦異稟的她很快便抓到竅門，家教老師看著陳莉真行雲流水般地演奏樂曲的姿態，暗暗心想決定給她一個機會。

家教老師決定將手中的兩個學生轉交給陳莉真，一聽及此陳莉真慎感惶恐，經歷完全是菜鳥的她並沒有自信可以勝任，指導老師感受到她的不安，只是輕展笑顏道：「我相信妳可以的，妳也

要相信自己。」陳莉真內心一陣觸動，她決定接下這個挑戰。

無心的談話，開啟創業之路

靠著一手精湛琴藝與親切態度，陳莉真很快便在家教界打出了名聲，慕名而來的學生越來越多，應接不暇的她開始苦惱該如何解決需求爆炸的問題；某天，一位熟識的家長前來與陳莉真交談。該家長表示隨著學生增加，教室的空間受到限縮，他十分擔心是否會因此影響到孩子的學習效果，陳莉真聽及連忙道歉，同時解釋自己並沒有其他適合的場域能作為教室；或許是命運使然，該家長回應自己出身於房地產背景，能夠幫助陳莉真解決空間問題。

便這樣意外地，在客戶的建議下陳莉真決定設立正式工作室，創業之路就此出發。過沒幾天，客戶通知陳莉真已找到店面，於是她偕同客戶前往進行場勘。滑膩、灰暗、骯髒是陳莉真對它的第一印象，更遑論地下吱吱胡竄的老鼠、天花板空隙間滴答答漏下的水，意外地陳莉真居然很喜歡這個地方，對她來說這將是人生新生的起點，沒有太多猶豫，她轉頭便簽了合同；經幾番裝潢改建，翔韻音樂舞蹈藝術中心開張了。

音樂融入生活，意想不到的變化

翔韻提供的服務項目多元，除了流行音樂、中國音樂、古典樂等的基本音樂課程，亦提供舞蹈課

FB 粉絲團

PC home

翔韻網站

1-3. 活動照

程。翔韻希望幫助對藝術相關領域有興趣的人們能有更多選擇；翔韻的學生每隔一段時間便會舉辦作品發佈會，除了能給學生舞台展現自己的才藝，也能讓家長、參訪嘉賓們見證孩子們在翔韻中獲得的成長。

除了主要提供項目，翔韻在空間設計與師資方面更是不容怠慢，翔韻的空間概念是要讓來訪的人感受到溫暖、真摯，希望每個來的學生亦或家長皆能安心地將自己、孩子交給翔韻；而師資方面，除了具備專業技能外，翔韻亦相當看重教師是否擁有一顆「真誠」的心，林莉真認為教育是需要熱情的，如果你連自己都打動不了，要怎麼說服孩子學習甚至喜歡學習？

曾有這麼一段小故事，有一位教授帶著自己的妻子前來翔韻學習鋼琴，教授正色凜然安靜地坐在一邊等著妻子開始演奏，面色僵硬的他卻在樂聲響起後開始大聲歌唱了起來，流淌的音樂似乎柔化了教授線條分明的輪廓，蒙上一層溫柔。

當時在一旁見證這一切的陳莉真，感動地幾乎要落下淚來，深受音樂啟蒙的她對於這份情不自禁作出回應的心情感同身受。她那份「為了讓更多人能在音樂中找到屬於自己的感動。」的理想成功實現，為讓更多人受益於音樂的美好下，陳莉真決定擴大事業體。

翔韻樂器有限公司　翔韻音樂藝術中心

1.2. 活動團照　　3.4. 環境照　　5. 形象照　　6. 海報照

壓力排山倒海而來，臨界崩潰點

創業開始前，陳莉真生活平穩快活，能夠隨意安排生活步調，誠如「藝術家」般地自由自在。然而創業後，生活與以往相較有了決定性的變化：生活不再只是想著自己，還得為家長、學生、職員、企業著想，陳莉真肩上的負擔日漸沉重。即便如此，陳莉真亦未放棄拓點的想法，以翔韻擁有的客群量擴編並不難，陳莉真遲疑的點一直是人事上的縮緊，但她滿懷熱情決心放手拼搏。

擴編期間，陳莉真的私人時間大量被剝奪，每天睜開眼睛醒來就是處理公事，有時候連坐下來好好吃個飯的時間都沒有，然而這一切並沒有打倒她，她憑藉對事業的熱情堅持下來，並藉著拓點過程對經營、管理企業上有了更宏觀的想法。

在陳莉真的努力下，目前翔韻於台已經擁有 4 間分店，並且成功在業界成為排名前端的正指標；陳莉真透露翔韻未來將會橫幅化提供服務，除了音樂與舞蹈，其它與藝術相關的才藝皆將開發相關課程，將其打造為一處跨領域藝術學習中心。

你看不見後台的黑暗，因為鎂光燈總是打在舞台上

翔韻於藝術界已成為代表性的存在，這一切都是背後林莉真與其團隊十來年苦耘的後果。我們並不曉得眼前的「成功人士」經歷多少苦難、考驗才能以「成功人士」的身分於公眾面前現身，人們看見的只有結果；所以創業家是孤獨的，他們蜷伏在黑暗的角落，一步步摸索光亮，直到找到太陽。

#B | 商業模式圖 BMC

 重要合作

- 房地產夥伴
- 大學產學合作

 關鍵服務

- 樂器教學
- 舞蹈教學
- 樂器販售

 核心資源

- 專業師資
- 豐富音樂經歷

 價值主張

- 以平易近人的方式讓大眾與藝術接軌。

 顧客關係

- 亦師亦友
- 肯定對方

 客戶群體

- 對音樂有興趣者
- 欲培養才藝者
- 欲購買樂器者

 渠道通路

- 實體據點
- 電子商家
- 社群平台

 成本結構

營運成本、人事成本、租借倉庫、進口樂器

 收益來源

課程收入、樂器收益

#C | 創業 TIP 筆記 ✍

- 發掘自我熱情，用心栽培自己。

- 創業路上的遇見每一個人都可能是伯樂。

#D | 影音專訪 LIVE 📷

翔韻音樂舞蹈藝術中心

(04)2277-3147

https://www.facebook.com/xaingyun/

台中市太平區東平路 558 號

Amazon  BMC（範例）

 重要合作

- 賣家
- 作家
- 出版商
- 物流商

 關鍵服務

- 商品推銷
- 開發、設計、優化
- 供應鏈物流管理
- 鞏固、建立合夥關係

 核心資源

- 履行中心
- IT 基礎建設
- 線上平台

 價值主張

- 物美價廉
- 篩貨
- 誠信
- 快速交貨

 顧客關係

- 回饋
- 顧客服務
  （電話、線上對談、電郵）

渠道通路

- 數位平台與應用程式
- 聯盟行銷

 客戶群體

- 網路用戶
- 想找兼具誠信、快速交貨電子商家的人

成本結構

技術導向、履行中心營運、
顧客服務中心、軟體開發

收益來源

- 會員訂閱
  傭金
- 手續費

我創業，我獨角（練習）

設計用於 _____　設計人 _____　日期 _____　版本 _____

重要合作

關鍵服務

核心資源

價值主張

顧客關係

渠道通路

客戶群體

成本結構

收益來源

Chapter 2

#A

健康與美麗，從調理身體開始

柏諦生物科技股份有限公司

BJ 柏諦生技
Bertie Biotech

李怡君（Lisa），柏諦生物科技股份有限公司的董事長，受到身為中醫博士的父母親影響，從小就對中醫、穴道及調理有極深的興趣，追隨父母親的腳步踏上創業的路程，立志將東方的珍貴智慧結合西方的時尚美感，將中草藥的智慧推廣出去。

1. Lisa 為外賓簡報柏諦集團的發展與展望
2. Lisa 致力於推廣中草藥，中草藥展覽剪綵
3. 柏諦生技製造廠區
4. 柏諦生技無毒藥園

耳濡目染，立志傳承東方文化之美

「健康是整體的、美不是只是外表」這是柏諦生物科技股份有限公司的李怡君 (Lisa) 董事長從小的認知，Lisa 的父母親都是中醫博士，同時也創立了 spa 美容美體會館，從小 Lisa 就跟著父母親到處義診，耳濡目染下對中醫、穴道跟調理也漸漸熟悉，自然而然產生了濃厚的興趣，加上學生時期在美國大學就讀心理學，返台後又繼續攻讀了經營管理學碩博士，對人體和心理方面也萌生了興趣，她認為健康與美是息息相關的，每個

人一定都愛美，但美麗不僅僅侷限於外表，身體也要健康，才能由內而外散發出專屬的氣息、魅力與獨特性，而 Lisa 也發現中草藥的可貴之處便是如此，既可調理內在身體又可滋潤外在肌膚，便決定利用自身所學結合東西文化，追隨父母親的腳步選擇開發自己的品牌，創立「柏諦生物科技股份有限公司」，立志將東方累積五千年以來中草藥的智慧流傳下去。

中西文化合併，打入年輕市場

柏諦生技的產品主打天然溫和，也針對不同的族群推出特定產品，像是學生族或久坐辦公室和冷

氣房的上班族，常常熬夜、吃重口味食物或炸物，也鮮少外出曬太陽，因而推出海藻鈣加鎂，讓在忙碌生活中無法抽身運動的族群，可以透過天然、無負擔的產品養身；另外，柏諦生技也看準了女性市場，所以在研發女性專屬產品時也特地調理成酸酸甜甜的口味，用純天然的食材不外加任何添加物，又符合女性的喜好，像是柏諦生技自家主打產品－「莓洛纖」，就是集結許多天然的婦科保養成分，包含洛神、蔓越莓和西印度櫻桃，是老少咸宜的天然保健食品；還有針對許多女性膚質狀況，推出提亮肌膚的產品，讓肌膚不再暗沉無光。

1.2. 柏諦生技產品圖　　　　3.4. Lisa 致力於推廣中草藥，中草藥展覽圖
5. 柏諦生技全體員工參與快樂成長營　　6. 柏諦生技榮獲第 17 屆玉山獎最佳產品類

Lisa 也提倡中醫「五行理論」，因為大部分的年輕人都很愛美，長痘痘一直是許多年輕人困擾的問題，但其實痘痘長得位置就分別代表著五臟六腑可能出現功能異常，所以可以根據臉部膚況的改變得知身體是否哪裡出了問題，像是額頭如果冒出痘痘可能就是心臟不好或壓力太大；若臉頰兩側長痘痘則是肝肺功能異常，可能是長期熬夜造成；在鼻子長痘痘則代表腸胃或消化系統出問題，由此也提倡年輕人可以多多透過膚質的變化檢視自己的身體狀況、進而更了解自己的身體需要什麼樣子的調理；此外，在產品外包設計上也跳脫傳統，用色選擇鮮明大膽而且具備時尚美感，意想不到的選擇在市場上十分獨特且吸睛，也為了兼具便利性，包裝上選用膠囊劑型和輕巧鋁箔裝，出門在外快速方便又好攜帶。

傳承創業世家，親手打造自身品牌

Lisa 的父母親也是創業起家的，所以很支持她創業，但一開始也是從頭摸起，對於研發產品、包裝設計、品牌形象等毫無方向，連同比價、報價、採購的小細節也都一竅不通，加上頂著創業二代的背景，既要承先又要啟後，想要傳承上一代流傳下來的經驗，也想要研發創新的產品，龐大的壓力也席捲而來；一開始 Lisa 便將市場瞄準年輕族群，但年輕人對中草藥的接受度普遍都還不高，大多數人對於中草藥的既定印象就是味道跟顏色偏重，要改變也是一大難題；不過受過美國文化薰陶的 Lisa 組成的工作團隊都很年輕化，帶領員工的方式也很西式，給員工很多空間自由發想，最後選擇用精油調配，不僅淡化產品的味道及顏色，也有效保留中草藥的成分及本質，大大的提升了大眾的接受度，成功打入市場，也得到許多消費者良好的反應。

7.Lisa 常與父母共同出席活動

8. 柏諦生技製造廠區

9. 柏諦生技無毒藥園

10. 柏諦生技產品圖

11. 柏諦生技位於南投的研發工廠

12. 李怡君 (Lisa) 董事長

⑩

⑪

⑫

愛護地球，最佳美麗代言人

愛護動植物是柏諦生技在研發產品中最重要的原則，Lisa 認為身為地球上的一份子，我們都有義務好好愛護地球上的資源及生物，絕對不能因為人類需求而去傷害其他的動植物，秉持著這個信念，因此公司內部的員工也大多是素食主義者，雖然現在柏諦生物的發展穩定，且許多客戶使用完產品後都給予良好的評價及反應，但憶起剛開始創業的艱辛時期，Lisa 其實對於父母親開明的教育方式又愛又恨，每當有疑問、困難的時候，父母親總是堅持「自己的公司要用自己的想法去做」，從不在一旁干涉決策，也不插手解決，不過現在回想起來 Lisa 其實心懷感恩，父母的做法讓她可以正視問題並且學著去解決，也可以親手打造自己專屬的品牌，她將中草藥的珍貴精華萃取濃縮成產品，並結合西方時尚美感和自由奔放的文化推廣出去，都一再證明了 Lisa 不單只是創業二代，更是承先啟後、健康與美的最佳代言人。

#B |  商業模式圖 BMC

 重要合作

- 家中企業累積人脈

 **關鍵服務**

- 保養品及保健食品販售
- B 群等維他命系列
- 薑黃、葉黃素等多元產品

 核心資源

- 萃取天然溫和中藥草精華濃縮成產品

 價值主張

- 透過技術萃取中藥草及天然植物中的有效成份，協助修復肌膚及調理身體。

 顧客關係

- 需要主動購買
- 提供身體基礎保養知識解決客戶疑慮

 渠道通路

- 官方網站

 客戶群體

- 常加班的上班族
- 熬夜的學生族群
- 有保養習慣的女性

 成本結構

中藥草、產品開發、行銷

 收益來源

- 產品賣出收益

#C | 創業 TIP 筆記 ✎

- 推出產品時，如果針對目標族群設計吸睛的外包裝，更可以打入市場。

- 創業時危機處理很重要，要有足夠的毅力跟抗壓性，遇到挑戰的時候才能適時帶領團隊變換公司未來走向。

#D | 影音專訪 LIVE 📹

柏諦生技 Bertiebio

• LIVE ▶

0800-588-839

https://www.bertiebio.com/

台中市北屯區文心路四段 141 號 5 樓

#A

台灣原生的肌膚修護力
FUcoi 藻安美肌

FUCOI TAIWAN
藻安美肌

保養品的市場一直都是百家爭鳴，藻安美肌能夠崛起，來自於他們獨家技術的研發，將專業技術握在手中，創建自己想做的品牌。台灣四周環海，FUcoi 藻安美肌看重藻類天生的修復能力，以及台灣天生的優勢，不只將藻類萃取成份應用在肌膚保養上，同時重視環保、永續。

1. 持續推廣台灣原生藻萃的肌膚能量，圖為藻安美肌直播主的例行課程
2. 藻安美肌來自一位肌膚因意外遭二度灼傷的台灣女孩 Tiffany，藻萃成份讓她的肌膚很快恢復風采，並決定分享這股來自台灣原生的肌膚修護力
3. 支持台灣原生的品牌理念獲得陳亞蘭認同，藻安美肌也參與睽違 16 年電視歌仔戲的製播與宣傳過程，與其它台灣品牌共襄盛舉，為台灣原生文化共盡心力
4. 賽珍珠基金會協助照顧新住民及其子女，藻安美肌多年來偕同協力廠商，提供基金會所需資源

過往的經歷帶來創業契機

FUcoi 藻安美肌共同創辦者暨品牌公關 Daniel 和共同創辦者 Tiffany 都是門外漢，兩人原本都是一般上班族，原為媒體產業的 Daniel，和 Tiffany 分工明確，一個對內一個對外，彼此有良好的互補工作能力，接觸到褐藻並且開始研發，從產品到品牌，公司的前兩年沒有商品，僅專注在技術的開發，積極的與政府和學校對接海洋相關的資訊，合作開發藻類技術。

而開啟研究藻類技術並且應用在保養品，契機來自當時共同創辦人之一的 Tiffany，她意外二級燙傷的傷口，在醫師健康研討會的會場上被注意到，經過專業醫師熱心的建議，她接觸了關於藻類萃取技術，自己身為使用者，對於皮膚傷口修復的過程有良好的體驗，也因此開啟了往保養品研發的想法，更是開啟 FUcoi 藻安美肌的品牌誕生。

瞭解性格，找到對的位置

Daniel 其實並非一開始就想創業，在於人生的轉換期，讓他和 Tiffany 決定嘗試做自己的事業，他也希望透過自己的事業去收穫人生目標，他提到自己並非一個事業發起人的特質，他可以把事情做得很好，因此作為支持者的角色，盡可能的把事情做好，當時也猶豫了一陣子，但一旦投入，就越用心投入其中，他也相當感謝夥伴 Tiffany 給了他一個契機，讓他有不同以往的目標，有夥伴一起作戰也讓他更有能量。

原本 Daniel 認為自己有好的技術，自然而然會有客戶上門，但真正做了以後才發現真的需要花更多心力去用心推廣，身為男性在保養美妝上，也需要更多的推廣，身邊的人並非都會做肌膚保養。而自己也是在創業以後，才知道自己的目標為何。

1. Beauty through pureness，藻安美肌用最純粹的方式，讓每一位使用者感受來自台灣原生藻類萃取的能量
2. 持續與產官學界合作開發藻類萃取的技術，並拓展更多應用面向，圖為國立海洋大學的培育藻種
3. 從製造端到產品推廣，藻安美肌專注於每一個細節，透過藻萃保養，讓使用者安心擁有健康美麗的肌膚
4. 藻安美肌擁有專業醫師團隊，協助解決保養保健的各式疑難雜症，圖為陳昱瑉皮膚科醫師
5. 藻安美肌和陳亞蘭（右2）的緣分來自於臺師大 GF EMBA，創辦人 Tiffany(左 2) 是研究所學姐，學姐邀請亞蘭姐擔任品牌大使，一同致力推廣台灣原生資源與文化

當然創業過程大量溝通必不可少，和很熟悉的人創業，彼此對做事情的態度，決策的思維，溝通邏輯和價值觀都有一定的理解，因此能夠更快的達成共識，但是在角色的轉換上就會有落差，而且彼此為互補的性格，遇到了意見不合或是堅持在乎的點位不盡相同的時候，就會比一般同事更難溝通。

而是否能夠有一致的結論，有時候要回到自己投入事業的初衷，兩個人都是為了公司更好，因此知道哪些部分可以妥協。另外在剛開始最大的挑戰是資金，選擇把技術握在手中，耗費的成本相對高，兩人都沒有特別想過好產品要如何被看見，因此在行銷和曝光相對較少，策略上他們轉作體驗行銷，透過經銷商協助做更多的品牌曝光。

共利共生，重視企業責任和社會公益

FUcoi 藻安美肌品牌想傳遞的價值，是顧客能夠感到安心，透過台灣海洋的藻萃成份，喚醒沉睡肌膚的生命力，為了給顧客最好的產品，他們堅持使用最優質的成份，即便是敏弱肌也能夠使用，採用最高安全等級和溫和標準。

除此之外為了環境保育，他們不進行動物實驗，也期望能做到永續經營。FUcoi 藻安美肌的原料與技術都來自台灣，多取自於可食用藻類的多醣體，經由高端技術萃取肌膚保養成份，他們受惠

於台灣原生資源，因此也期望透過環保和公益活動，讓台灣的原生物種源源不絕。

而他們也期望透過 FUcoi 藻安美肌，能夠讓更多人認識台灣在地品牌，台灣原生資源是他們對於自己品牌的驕傲，台灣過去作代工廠讓整體經濟起飛，但現在是品牌的時代，他們也期待台灣產業都能整體提升。Daniel 也說，企業就是有相對應的社會責任，因此無論是環境保育、公益活動，或是讓台灣好的產品被更多人看見，他們都會盡自己能力盡力去做。

多元以及有明確的差異化，FUcoi 藻安美肌，在兩個年輕人的努力之下誕生，而未來他們也將往自己的目標更加邁進！而創業必須要思考到自己是否有獨特性的產品，以及自己的個性是否適合，剛開始創業真的沒日沒夜，還要思考自己的規模大小，有時候要犧牲的時間和成本都不見得可以承擔，因此要思考清楚，為此找到一個平衡，但若是手中的資源和條件確定了，就「衝動」地執行吧！

藻安美肌與平安京茶事推出聯名保養品

#B 商業模式圖 BMC

 重要合作

- 診所醫院
- 經銷商
- 阿瘦皮鞋 - 健康生活館
- 異業合作

 關鍵服務

- 生活用品販售
  （保養品、清潔用品、保健品、其它）
- 肌底調和系列
- 口周護理系列
- 抗菌潔淨系列
- 海外系列

 核心資源

- 藻類
  （包含藻種培養、專利萃取技術、相關商品、其它應用層面）
- 品牌建立

 價值主張

- 台灣原生種的藻類，透過專業技術萃取出有效成份，協助完成肌膚保養、身體保健等需求。

 顧客關係

- 個人消費者 - 單次購買
- 企業消費者 - 大量採購
- 客製化商品
- 合作開發新品

 渠道通路

- 官網
- 電商通路
- 體驗行銷

 客戶群體

- 追求天然成份萃取的使用者
- 術後保養
- 易敏膚質
- 認同品牌理念

 成本結構

技術開發、檢驗、行銷

 收益來源

- 產品賣出收益

#C 創業 TIP 筆記 🖊

- 瞭解團隊成員個性及專業, 將對的人放在對的位置。

- 團隊共識溝通, 彼此共同協作, 才能達成目標。

#D 影音專訪 LIVE 📹

FUcoi 藻安美肌

(02)2531-1441

https://fucoi.cyberbiz.co/

台北市中山區錦州街 157 巷 27 號 4 樓

亞芙媞事業有限公司

每個人都值得擁有美麗，還你自信人生

Aphti

王辰馨、莊凡褕，亞芙媞事業有限公司創辦人。王辰馨、莊凡褕兩位皆出身於美容業，湊巧的是，兩位都有於加盟體系下工作與自創品牌的經驗，然而自始至終他們終究沒能實現自己心目中的理想藍圖；兩人遇見彼此後，決定再給自己一次機會，他們一同協手創辦亞芙媞，以「讓顧客像回到家」的理念開始創業路。

員工團體合照

這不是我想要的，怎麼辦？

年少的王辰馨、莊凡褕倆人皆是美容師，出於對產業的熱情與好奇，在遇見對方之前他們皆創立過自有品牌，然而隨著時間一長，他們發現自己的品牌並沒有照著自己的理想發展，甚至偏離當初創業的初心，對此他們心如槁木，雖然還抱有熱情，但面對偏離軌道的企業，他們倆倆選擇忍痛放棄。

意外之下倆人結識，交談中他們發現彼此的經驗竟如此雷同，雷同到令人幾乎心酸的地步，兩個曾心懷大志的人在對方身上看見了自己——那個曾經擁有夢想的少女——忘記了是誰先開口提出再次創業的想法，倆人心中沒有太多的遲疑，很快地便決定一同合夥創業。

爛臉的痛苦，我們懂！

亞芙媞主要提供的服務為「問題肌膚管理」，這源自於兩位創辦人雙雙曾受肌膚狀況之苦，他們相當理解對正值青春年華的少女們來說，滿臉狂妄的痘痘與粉刺有多麼惱人甚至傷人。在油膩、滿目瘡痍的肌膚下漸漸失去自信的痛苦，變得不敢開口、表達自我的無力感，兩位創辦人皆感同身受，為了幫助受肌膚問題所擾的人們重新找回自我，亞芙媞一直致力於尋找能夠真正治療皮膚敏感、

老化、油水失衡的產品。

王辰馨、莊凡褕當初花了非常久的時間尋找、試用各路產品，種種的一切都是為了找到能夠真正有效改善肌膚的好物，雖然過程艱辛不易，但王辰馨、莊凡褕沒考慮過放棄，他們堅信使用自己信任且滿意的廠商才能夠給客人一個交代；於不懈的努力下，亞芙媞最終找上美國知名廠商，並與其配合進口作為亞芙媞主力用材。

此外，亞芙媞亦引進韓國高端技術「MTS 皮膚管理」，以非侵入方式治療皮膚狀況，享有無痛、傷口小、效果快速等傳統療法無法企及的優點。

1. 入圍 2020 台灣百佳特色 SPA
2.5. 環境照
3. 得獎獎盃
4. 2018 年泛亞國際美容美髮盃記憶
卓越獎

開店不難，難的是人心

在現今的社會環境下，想要開一間屬於自己的店，老實說並非難事。只要擁有足夠的資金、找到地、請人做好裝潢似乎一切便就定位，然而真正的難題在開店後才開始：如何招募到適合的職員？要怎麼穩定收入並壯大事業體？品牌鑑別度該怎麼打造？等等的問題紛飛而來，很快就會將經營方壓垮。「擁有」只是第一步，「管理」才是核心。

「創業之後，我們對人性的解讀一百八十度翻轉。」

亞芙媞一路走來在「經營」上跌的坑比起開發、金流上都還多；顧客、員工、經營方好比三角關係，牽一髮則動全身，任何一方的狀況都會引發漣漪效應。創業初期，作為經營方的王辰馨、莊凡褕倆人常為了決策方向所苦，要怎麼樣才能作出一個讓三方都滿意並樂於執行的決定？每個人都有自己的立場、情感，他們發現在不同身分的前提下，提出一個大家滿意的方案簡直可以說是不可能，光是單單做到「接受」都不容易。毫無管理經驗的他們，前期吃了數不盡的虧、挨了數不清的罵才終漸慢慢摸索出適合自己事業體的經營模式。

也是這樣的甘苦心歷讓倆人開始產生這樣的想法：

「如果將我們的經驗分享出去，是不是能幫助更多人呢？」

因此除了美容本業以外，王辰馨、莊凡褕亦開放同業人士前來諮詢就業、就職相關問題，他們希望自己血淋淋換來的經歷能縮短其他同行的撞牆期，曾走過漫天黑暗的他們這次想當伸出援手的那方，與同行互惠互利，而不是相恨相殺。

把顧客當家人，親手打造夢想國度

王辰馨、莊凡褕倆人希望每個顧客來到亞芙媞都能有賓至如歸的感受，美容師身為第一線接觸客戶的人，理應提供給客戶最美好、舒適的消費體驗，因此除了本身的技術精進，亞芙媞員工教育訓練一大重點為「換位思考、將心比心」。倆人希望透過品牌價值的傳遞，在企業內部形成獨有文化，使亞芙媞自成一格。亞芙媞兩位創辦人的理念其實很清晰，他們認為所謂的「家」不一定是你最常去的地方，但它絕對會是你有需求的時候第一個想到的場所，而這便是王辰馨、莊凡褕兩者夢想亞芙媞成為的樣貌。

「我們只是給消費者多一個選擇。」

他們深諳消費行為、情感感受的變因有多大，因此他們從不強迫職員、顧客留任亞芙媞，總是保留高度的選擇權給消費者們，這種極度的率性與自由便是兩位創辦人獨有的魅力，也是亞芙媞能夠克服萬難走到至今的一大關鍵。

#B | 商業模式圖 BMC

重要合作

- 美國原廠品牌

關鍵服務

- 美容美體
- MTS 皮膚管理
- 就業諮詢輔導

核心資源

- 美容業多年業務經驗
- 專業認證
- 教育培訓

價值主張

- 使用高端科技改善肌膚問題，堅持採用天然、低敏感商品，專為亞洲人膚質設計。

顧客關係

- 客戶至上
- 亦友亦師

渠道通路

- 實體據點
- 社群平台

客戶群體

- 在意外貌族群
- 學生族群
- 小資女
- 欲改善皮膚狀況者

成本結構

營運成本、材料進口、人資成本、職員訓練

收益來源

療程費用、產品販售

#C 創業 TIP 筆記 ✎

- 除了顧客、廠商，也不要忘了底下為你工作的團隊。

- 創業資金必須籌握齊全，才能順利展開第一步。

#D 影音專訪 LIVE 📹

亞芙媞事業有限公司

(04)2389-1018

https://web.hocom.tw/web/Home
/index?key=555301621969

台中市南屯區黎明路一段 1022 號

晶美儷生活藝術美學

漂亮還要更漂亮，你的美麗我包辦了！

薛麗娟，晶美儷生活藝術美學技術總監，自十八歲以學徒身分入行美容界，現今已累積三十餘載經歷。薛麗娟堅信即使經濟景氣再低靡、人心環境再改變，愛美的天性與渴望亦不會消失，抱著這樣的心態她開始了這條創業之路。

1. 授課　　2. 培訓
3. 環境照　4. 美容師執業中

苦力埋首耕耘，初嚐勝利之果

問及學徒時光，薛麗娟稍作停頓回想道：「那時我還很年輕，滿腦子就只有賺錢，在美容院整天不是洗毛巾就是拖地，熬了一年多我才第一次碰到客人。」當時的台灣就業環境，設有學徒機制的工作場所只有兩個：美容與美髮，經濟拮据的薛麗娟並沒有太多選擇，雖說是誤打誤撞進了這行，但不知從幾何時她發現自己每每總在客人的稱讚與回饋中得到莫大的成就感。

隨著年紀漸長，薛麗娟開始思考起：「有什麼行業是不受景氣影響仍屹立不搖的呢？」

抱著這個疑問，她持續在事業上努力拼搏，直到有天她發現一個簡單粗暴的事實「人不會因為沒錢就不愛漂亮。」她自信地道出自己多年觀察結果。經過幾番思考，薛麗娟更加深信美容業便是唯一一門擁有絕對潛力的不死領域，二零一九年，她創辦了晶美儷生活藝術美學。

全方位照顧客戶的美麗，堅持品質至上

晶美儷生活藝術美學提供的服務範圍十分廣泛，薛麗娟笑稱：「除了指甲以外，你想得到的都有。」從角蛋白美睫、肌膚管理、紋眉繡唇、熱蠟除毛等，幾乎可說是全方位照護。然而為何獨不涉及指甲相關業務呢？薛麗娟收起笑意，神色嚴肅地答道：「雖然我的確擁有指甲相關的業務經驗與知識，但我覺得公司承擔不起指甲內部藏汙納垢的風險，拿碰過指甲的手接觸客人，對我來說是非常失態的行為。」

被問及創業中遭逢的挑戰，薛麗娟大方表示：「老實說，美容業最大的對手就是自己。」許多同行為爭奪客源紛紛採用削價競爭的手段，對於這樣的現況薛麗娟並不樂見。她少見地揚起聲調補述，如若欲使用低廉的價格提供相同的服務，勢必得最低化材料成本，淪為劣質材料堆疊而成的次級品。為斷絕行業惡習，晶美儷生活藝術美學自創業起，便一直將材料設備品質擺在首位。

1. 課程培訓圖　　2. 課程對比圖
3. 課程簡介圖　　4. 環境照
　　　　　　　　5. 採訪當日照

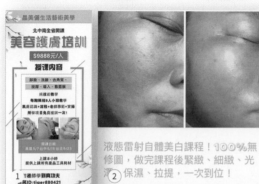

無私傳授技術心法，要好大家一起好！

除此之外，薛麗娟亦提及現存美容業環境下的一大問題——行業素質參差不齊。在現今世代下技術取得已不如以往困難，人們只要付費就能透過課程習得專業技術，而這也造就許多經驗不足的美容師出道，導致行業品質嚴重失衡。薛麗娟加強語氣補充：「推薦大家一定要找有口碑保證的老師來進行技術指導，並持續精進自我，滿足於現況並不可取。」

因此晶美儷除了美容服務的本業，亦開辦實體教學課程，薛麗娟想在力所能及的範圍內改善行業環境前述詬病。即使只來上課一次的學生，她也秉持著「一日為師，終日為師。」的理念，向學生表示有問題隨時可以透過訊息詢問她，薛麗娟笑稱：「整天都在回學生訊息，幾乎沒時間做自己的事情，真的很累。」嘴裡喊著辛苦，然而從她的神情裡非但無一絲不耐，反倒更添神采。

問及創業遇到最大的挑戰，薛麗娟二話不說地回答：「人事。」縱使來的學生數量眾多，自己也全力傾囊相授，然而許是世代變遷，許多學生習得專業技術便離開公司，甚至還會將客源一併帶走。一來一往，不但花費許多時間訓練新進職員，公司亦無法順利進行擴編，為此薛麗娟苦惱過，最後她決定將營業方向調整為「教學主導」向的美容中心。對於為什麼這樣決定的提問，她輕笑

答：「我發現不用擔心擴編後，反而能保留更多時間給我重視的人事物。」

相信專業，使用專業

「如果身邊有跟我想走一樣美容業的朋友們，我的建議是千萬別亂買網路上的產品試驗，一定要使用生技公司認證的產品，另外惡性競爭真的百害而無一利，希望入行的朋友們都能謹慎思考後再作出行動。」薛麗娟一口氣拋出許多犀利見解，在她的眼裡不只有自己，更多的是顧客、同業與就業環境。

說到未來企劃，表示自己將會專注於美容進修上，行銷企劃部分將由專人承包，她說明正因為自身擁有專業，因此更能放心地將其他業務交給他人處理，她相信分工有道，每個人各司其職才能同時達到利益與效益的卓越成效。

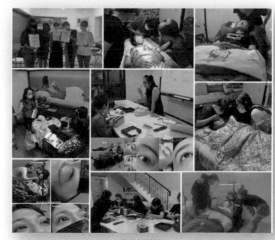

課程相關圖

#B  商業模式圖 BMC

 重要合作

- 學校合作實習

 關鍵服務

- 臉 / 身體美容保養
- 美體教學

 核心資源

- 職業進修
- 多年美容業務經驗

價值主張

- 堅持使用好的原物料，帶給顧客真實的改變；除了美容中心也往教學面向積極轉型中。

 顧客關係

- 亦師亦友
- 終身服務

渠道通路

- 實體店鋪
- 社群媒體

 客戶群體

- 美容業族群
- 實習學生族群
- 對美妝產業感興趣族群

成本結構

店鋪營運成本、進修費用、水電成本、原物料進價費用

收益來源

美體收費、課程收費

#C 創業 TIP 筆記 ✎

- 相信自己看見的商機, 勇敢追尋。

- 謀利同時亦得思考企業能為社會做出何種貢獻,
  思考並實際做出行動。

#D 影音專訪 LIVE

(04)2631-5815

https://www.facebook.com/candyhsuencrystallady

台中市沙鹿區北勢東路 325 號

#A

新能量創見學苑

從心開始，探索自己、了解自己、改變自己

劉燕樺，新能量創見學苑創辦人。原本於傳統產業就業的劉燕樺，意外離職後的她開始思索人生的新可能。她想起自己業餘時間總會進修許多心靈、占卜方面的技能，幾年下來也是頗有收穫，在周邊親友的鼓勵下，劉燕樺以開運名片為創業起點，歷經艱辛才有現在的新能量創見學苑。

1. 商品照 - 開運名片＋開運馬克杯　2. 品牌名片
3. 商品照 - 開運名片　4. 生命夢想藍圖諮詢

拒絕再當傳統上班族！

當時還在傳統產業的劉燕樺總會樂於探索新知，舉凡生命靈數、NLP、精油、芳療、卜卦…等等身心靈相關議題與工具，劉燕樺可說是多方學習，尤其涉及心靈相關的領域更是她的熱忱所在。離開這份工作後，她發覺自己的個人特質對上班族枯燥的日常感到厭煩且無趣，因此劉燕樺決定以創業為起點，成為自由業者。

劉燕樺並沒有針對特定領域進行創業，如前所提，她手中握有許多不同面向的專業，她認為不同工具反而能更靈活地幫助別人，因此她並沒有將自己設限於芳療師、占卜師等特定角色。她認為每一個人都是獨立的個體，服務必須依照客戶本身需求進行調整，而多元化的工具及服務反而可以成為一大特色，幫助她在同行中自成一派。

瞭解自我才能過好人生

新能量開創學苑，命名與劉燕樺的核心理念有很大關係，她想讓人們藉由了解自我來找到生命的本質，以「心」的能量再將其轉為「新」的勇氣創見無限可能的自己。

新能量以製作開運名片為起點，原因是劉燕樺發現台灣有非常多族群會使用名片作為交際工具，像是業務、企業主等；然而許多人不知道的是，這片單薄、細長的紙張其實還有格局、風水之分，使用對的格局設計能夠增強個人運勢，幫助事業發展。在以開運名片為主要項目期間，劉燕樺的許多客戶在發現她略懂占卜後，常會找她進行諮詢，這讓劉燕樺窺見新路徑。

劉燕樺長年觀察下，發現人們生活的痛苦其實很大一部分是對於自己的不理解，正是因為不知道自己喜歡什麼、想要什麼、期望什麼，日日陷在平淡的日常中，或是隨波逐流在普世的價值觀下，日復一日，真正的自我被例行公事風化，滴答滴答、一天天消磨下最後幾乎什麼也沒留下。劉燕樺想起自己過往的諮詢實務經驗，她決定在開運名片的基礎上新增諮詢輔導的服務項目，藉此幫助更多人，打新能量創見學苑服務主軸漸由名片設計轉型至諮詢輔導。

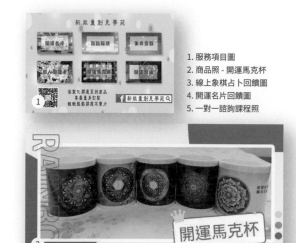

1. 服務項目圖
2. 商品照 - 開運馬克杯
3. 線上象棋占卜回饋圖
4. 開運名片回饋圖
5. 一對一諮詢課程照

話雖如此，沒有諮商相關學術背景的劉燕樺，深怕服務成效不佳，為此她總是戰戰兢兢地面對每個個案，並積極追蹤個案後續狀況。日前一位全職家庭主婦前來新能量創見學苑進行諮商，她表示自己過得完全不快樂，覺得人生毫無意義，每天除了接送孩子、作家務以外似乎沒有任何生存價值。然而透過劉燕樺的諮詢，她發現自己其實對烘焙抱有極大熱忱，黯淡無光的雙眼頓時閃起亮光，作為諮商方的劉燕樺不禁跟著雀躍起來，

她透過自己的服務，明確地給予他人實質且直接的協助，於她來說這份成就感便是最大的回饋。在越來越多的正面評價下，劉燕樺慢慢地建立起自信，並以此為自身的使命，期望可以協助更多人找到自我生命的價值與熱情。

開業至今，劉燕樺始終保持著這份堅持，雖然也想過以課程方式來同時服務更多人，但現階段她仍想以一對一的模式深入個案內心，確保每個客戶都能得到滿意的效果。

產品效果不如預期，奮力擊破瓶頸

創業過沒多久，劉燕樺發現即使個案透過諮商得到答案，自己也很積極地向其提出建議，然而過沒多久，總會有些客戶再度回來諮詢，並繼續為相同的問題所苦，這樣的情況對相當注重服務成效的劉燕樺不失為一大打擊，對此她感到困惑，她不明白是不是自己的技術哪裡出了問題，還是自己說的話無法打動客戶的心呢？好生煩惱的她，並沒有因此裹足不前，她積極地尋找解決方案，在一次機緣中接觸到「教練式引導」的觀念；所謂的教練式引導是依據不同個案的需求，以聆聽、觀察、提問、回饋等方式，透過深度對話過程，觸發個案本身之創意思考，並激發其在個人與專業領域上的興趣與潛能。每一個人都是自己的專家，透過教練式引導，每一個人都有能力為自己創造出自己想要的未來！

劉燕樺隨即對「教練式引導」產生濃烈興趣，然而她並沒有直接將其應用在個案身上，她稱：「任何工具我都必須先自己用過，並在反覆嘗試下確定有效我才會給客戶使用。」花了一番心思熟悉流程，劉燕樺開始從自身與身邊的親友試驗起，一段時間後，她發現透過教練式引導的確能夠幫助個案主動發掘自身需求，當諮商方作為一個輔導角色而非主要角色，能夠有效幫助個案察覺自我需求與缺口，因屬個案自我啟發，其將會重視談話結果並認真執行；劉燕樺發現教練式領導帶來的成效遠比自己滔滔不絕地說上幾個小時還要更好，因此劉燕樺決心將教練式引導融入諮商，來達到更高的品質服務。

劉燕樺表示並不排斥學習其他輔導工具，只要是對客人有益處的事情她都會全力以赴。

在工作中找生活，在生活中找熱情

自新能量開創來，劉燕樺一直忙得不可開交，創業之前的她是個朝九晚五的上班族，對於這樣的轉變她一開始有些不太習慣。但隨著時間流逝，她開始選擇把工作融入生活，她認為這兩者並不是完全毫無掛勾，工作的同時也享受生活，而在生活中便能找到自己的熱情與快樂，新能量創見學苑藉著這股活力，短短創業一年多內業績便蓬勃成長，未來也將繼續秉持信念勇往直前。

#B 商業模式圖 BMC

 重要合作

 • 命理團隊

 **關鍵服務**

- 開運名片諮詢
- 生命靈數諮詢
- 象棋占卜服務
- 生命夢想藍圖諮詢
- 精油、心靈諮商

 核心資源

- 多元占卜工具
- 教練式引導

 價值主張

- 透過瞭解自我，解決生活遇見的瓶頸、人生的迷茫。

 顧客關係

- 服務到底
- 積極追蹤
- 重視回饋

 渠道通路

- 電子商家
- 社群平台

 客戶群體

- 對生活 / 工作不滿意者
- 對人生感到迷茫者
- 欲於內在領域尋找答案者

成本結構

人事成本、工具採購、進修費用

收益來源

開運名片設計費用、諮詢費用

#C | 創業 TIP
筆記 ✎

- 即便技術多而不精，透過反向操作將其作為服務特點。

- 找到自己心目中燃燒的那把火炬。

- _____
- _____
- _____
- _____
- _____
- _____
- _____
- _____
- _____

#D | 影音專訪 LIVE

新能量創見學苑

https://www.facebook.com/heartenergy3051/

以善為本、濟世助人的天然產業

秦豐實業有限公司

謝坤澤，秦豐實業的董事長；林佳瑩，秦豐實業的總經理；兩人渴望將謝董畢生對中藥草及民間驗方的鑽研所學心得開發成自然食品，以「善」為出發點推行天然醫學，將福音傳播給社會大眾，協助普世大眾追求彩色人生。

1. 商品：一支暢到底 -30ML10 入裝　　2. 商品：一覺到天亮
3. 商品：過路通　　4. 商品：精氣神

文明百病崛起、萌生創業藍圖

現代人生活繁忙、工作壓力大，遇到身體不適的時候也愈來愈仰賴保健營養品，加上藥局林立且資訊傳播快速，保健食品愈來愈多樣化、取得也愈來愈方便，無形之中吃進了許多不知名的化學成分或加工食品，其實不知不覺中也加重了身體的負擔進而衍生許多文明病，然而這些現代人的通病看在秦豐實業的謝坤澤董事長的眼裡很是遺憾；謝董生長在山上，從小就跟著家人到處拜訪身體不舒服的鄰居，照顧並採藥草給他們補身體，耳濡目染下也對中藥草產生濃厚的興趣，也因為信仰的關係，從小就常常感受到神明的指示及託夢，於是便順應著神明的指示蓋了大道濟化院要來濟世救人，也因緣際會認識了在房地產建設業的林佳瑩總經理，便決定合力創立「秦豐實業」，致力將畢生對中藥草及民間驗方的鑽研所學心得，開發成自然食品來幫助大家。

推行天然醫學、研發治本產品

在創立公司之前，林總經理經歷了一場病，因長期的工作壓力身體不適了好一陣子，服用了謝董研發的藥草調養後才逐漸回復元氣，這也讓謝董和林總經理更深刻的體悟到「少年要營養、中年要調養、老年要修養」的道理，這也是秦豐實業在推行天然醫學的過程中一直以來秉持的理念，從研發、製作到上市，每個環節謝董全部都親力親為，除了本身的知識也結合新學習的技術，而且堅持不添加任何防腐劑及化學成分。謝董認為蔬果雖然健康但對於人體較為冷寒，且可能會有農藥殘留，所以選用天然的草本植物來做研發，像是主打的薑多酚產品就是以一到兩年的陰陽薑提煉而成，以及酵素也是選用有「穀中之王」之稱的糙米來製造，其中糙米提煉出的穀維素可以助眠、治療阿茲海默症、且有益腦部神經系統，並促進新陳代謝，才能滋潤元氣、強健體魄，達到真正「治療根本」的方法。

坎坷創業路、神明同行迎刃而解

雖然已經有技術和足夠的資本額了，但適合建造的工廠地並不好找，除了坪數要夠還要接近水源跟田地才方便，光是找適合的位置謝董就實際探

1. 商品：一支暢到底 650ML
2. 商品：薑來好
3. 林總親身體驗：使用前，鼻頭毛孔粗大且有深洞
4. 林總親身體驗：使用後，鼻頭毛孔縮小復原
5.6. 董事長幫人義診

①

②

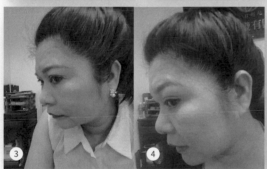
③ ④

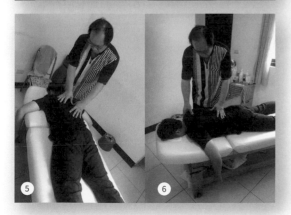
⑤ ⑥

訪了好幾回；除此之外，中藥草屬於民間驗方，政府對於中藥草的限制多且複雜，許多藥草並不能作成食品販賣，在研發生產中要避開這些限制對於謝董來說也是一大難題；而販售方面，市場對於中藥草接受度還不高，大部分的民眾還是習慣以西醫為主，但謝董和林總經理對於網路行銷並不熟悉，找不到通路可以做宣傳，加上疫情的衝擊，也大大影響了原本習慣在外跑業務的行銷方式。雖然創業的路上有些坎坷，但謝董及林總經理已經有了幾十年的生意經驗了，除了技術純熟、經驗老道以外，也累積了不少的人脈，一路上遇到有緣人的幫助順利租到工廠地，也投資學習網路行銷架設網站，謝董認為，這些都是冥冥之中神明的眷顧，讓他更堅定了自己目標。

傳播福音、健康第一

「如果沒有辦法推廣這個善念，我會很遺憾」，林總經理語帶堅定的這麼說著，創辦公司一切的出發點都是在於「善」，因為她認為賺錢固然重要，但道德觀跟修養更是重要，就如同秦豐實業的經營理念「少年要營養、中年要調養、老年要修養」，要有好的修養就要從好的身體開始培養，若身體不健康心情自然就會暴躁，連帶的自身修養也就不好；而創辦公司的起心動念也是因為想做慈善、受惠給更多人，希望改善大眾的飲食習慣，推動養身的觀念、推廣天然植物，將好產品的福音傳播給大家，協助普世大眾追求彩色人生，不要生活到最後被病痛綁住，因為身體健康身心靈才能得到真正的快樂，現在，秦豐實業創立至今已經一年多了，除了推出一系列有助於人體營養吸收與能量轉化的食品以外，也規畫許多相關的身心靈教育課程，雖然規模還不是很大，但依然堅持「利潤是做為慈善的地基、替大家賺健康」的理念，期許未來能放眼國際，將產品廣為流傳；而在創立秦豐實業之前，其實謝董和林總經理都各自擁有幾十年的生意經歷了，他們也無私地分享，以過來人的經驗給創業者耳提面命，「先計畫再行動」是他們給年輕人的話，要真的深入去學懂才能開始行動，真正理解要投入的產業型態，對自家商品有一定的了解和十足的把握，不要懵懵懂懂就去做，遇到不懂就要問，不要害怕去做、去問，才不會走冤枉路。

#B | 商業模式圖 BMC

 重要合作

- 診所醫院
- 經銷商

 關鍵服務

- 糙米酵素
- 薑多酚產品

 核心資源

- 結合中藥草、民間驗方及天然植物研發食品

 價值主張

- 結合中藥草及民間驗方開發不危害環境的純天然食品，推動養身觀念，改善大眾飲食習慣。

 顧客關係

- 單次性購買
- 需要主動

 渠道通路

- 官網

 客戶群體

- 有養身觀念
- 有吃保健食品
- 有吃中藥習慣的人

 成本結構

技術開發、行銷

收益來源

- 產品賣出收益

#C | 創業 TIP 筆記 ✏️

- 以純天然草本植物及中藥草製成的食品，由內而外調理身體，有效避免食用西藥副作用。

- 創業不能衝動，要真正實地去了解、完善計畫，才不會花太多冤枉錢。

- _____
- _____
- _____
- _____
- _____
- _____
- _____
- _____
- _____

#D | 影音專訪 LIVE 📹

秦豐實業有限公司

(04)2323-3737

https://www.chin-feng.com/

台中市南屯區大進街 399 號

智慧貼紙股份有限公司

適切的科技解決剛剛好的問題

SmartTag

智慧貼紙股份有限公司的執行長張焜傑 (Kim) 大膽在環境動盪
之時創業，因為他的計劃已成熟且經過市場驗證，推出輕薄短
小的傳感器，對於製造生產的企業而言，無疑是個福音，協助
客戶檢測設備狀況，無論對於品質的控管或是設備汰舊換新的
最佳時機，都能夠讓管理者即時瞭解和處理，進而提升傳統產
業的效率和品質掌握度，協助工業升級朝自動化發展。

透過國際論壇讓更多人認識智慧貼紙以及 Kim 的理念

實驗室培育成熟的創業家

Kim 可以說是在實驗室長大的，從小他就在實驗室中打工，和父親探討技術以及許多思維碰撞。他的父親是光電領域的專家，也因為父親的「張榮森實驗室」，讓他在如此的環境薰陶，他對於科學也有著濃厚的興趣，為了協助父親工作，他攻讀了非科學的領域，期望能做到不同領域的特長發揮。

伴隨著成長，他對於科學以及投入市場越來越有自己的想法，不再只是跟隨父親的腳步，過去十幾年實驗室多協助研發代工，在實驗室中接到的每個案子讓他瞭解各式各樣製造業廠房的

問題，考量到每次重新接案不是長久之計，因此他們也選擇了幾個常見的問題做為開發項目去投入研發。

2018 年參加了科技部推動的奇點創業大賽，在矽谷吸收創業思維，才發現台灣的實驗室普遍遇到科技與市場面的平衡問題，Kim 揉合了國外所學和台灣的優勢，他開始以能夠真正解決問題的市場面來看待科學，他認為自己的智慧貼紙是「剛剛好的科技」並非將技術專研到極致，而是剛剛好的科技、剛剛好的成本、剛剛好能夠用最好的方式，最低的成本解決客戶的問題。

Kim 所研發的項目，也因為過去接案的累積而提

前推估市場的需求，他也參與各地展覽，積極在比賽中、加速器中等不同場合中曝光自己，同時能夠補充自己目前不夠的資源，在比賽中獲勝，也會受到關注和持續性的補助，這對新創團隊是友善的環境，而他們也是如此，透過不同的管道讓自己趨近目標。

無痛升級，和客戶站在同一邊

對工廠而言，為了持續甚至提前瞭解機器狀況，進而即時處理維修或是掌控品質，當然都希望加裝傳感器來監控感測機器問題，但傳統的傳感器又重又大，有些機台需要在設備上挖洞造成永久破壞，過重的機台也會造成額外的負擔，造成感

1. 認真分享的 Kim
2. 跳脫以往傳感器的智慧貼紙
3. 輕薄、不破壞機台的特性，有著極高的競爭優勢
4. Kim 活動照
5. 參與國際論壇

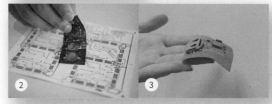

測的數據不準確，在機器設備可能需要停工才能安裝的情況也造成很大的困擾。

智慧貼紙改善了這部份的問題，因此當貼紙被市場認知接觸到的時候，大多數企業都非常喜愛，Kim 改善了過去傳感器最大的問題，在業界中獨特且有極大優勢。無痛的升級，就是他們給予客戶的價值，用瓷器製造出的輕薄短小，柔軟具彈性的傳感器，能夠用短短十分鐘到半小時上下的時間，協助客戶找到設備上最適合的偵測位置，也因為用特殊材質，讓智慧貼紙能夠貼在任何弧度、任何不平整的表面，甚至能夠貼在機台內側，能夠更精準且輕易的測得想要的數據。

無須破壞設備，也無須因為安裝而休廠一兩天，無需消耗大量的成本，如同 Kim 所說，智慧貼紙並非尖端科技，而是剛剛好的科技，能夠用最符合經濟效益的方式真的走入市場，客戶能夠用最實惠的價格為自己的工廠升級。當然機器也是結合 AI，每次紀錄機器震動、溫度、濕度等等的資訊，也能夠學習機器的運作，預估判斷可能的問題。

和客戶的問題結婚，而不是愛著自己發明的科技

智慧貼紙只是個開始，Kim 正著手擴展團隊和整合更多資源，當技術成熟，每一個人可以遠端監控機器，未來就能實現人人在家工作，這也是 Kim 所期待的未來，結合遠端的智慧與相關的研究，不需受限地區的工作型態，他認為最終這些科技能夠讓人類真正獲得自由。

Kim 擁有舉一反三的特質，對許多事情的思考不僅是單一面向，當他遇到一個問題時，就會思考除了這個問題之外還有哪些相關的連結議題？他認為這是做為創業者一個需要具備的能力，必須要學習更多經營、團隊管理等等，這些都讓他的事業充滿挑戰，但他從實驗室到現在進入市場，經過募資、比賽等等的考驗，面對客戶的認同，種種的回饋都讓他願意堅持在這條路上持續前進，他知道自己做對了，也知道他正在改變環境。

他也提醒每一個想在創業路上闖蕩的朋友，要百分之百的在乎客戶的問題，科技要和問題綁在一起才有價值，真正瞭解客戶想解決的困難，找到適合的方式協助排解，這才是創業是否成功的關鍵，認清客戶要什麼，這樣才能無往不利。

跨國際的商業交流

#B 商業模式圖 BMC

重要合作

- 政府
- 學校

關鍵服務

- 販售智慧貼紙
- 提供資料搜集傳輸技術
- 雲端機器運用

核心資源

- 張榮森實驗室

價值主張

- 協助客戶用輕鬆簡便且實惠的價格，安裝傳感器，提升工廠良率、產能問題。

顧客關係

- 單向買賣

渠道通路

- 科技部
- 報章媒體雜誌
- 創業比賽

客戶群體

- 製造生產業
- 傳統產業

成本結構

開發研究

收益來源

商品買賣

#C | 創業 TIP 筆記 ✐

- 重視客戶需求，瞭解市場最需要的項目，科技要解決問題就能發揮價值。

- 運用資源，將過去累積當成資源運用，發揮特長。

- _____

- _____

- _____

- _____

- _____

- _____

- _____

- _____

#D | 影音專訪 LIVE 📹

智慧貼紙股份有限公司

(02)2517-6457

www.smarttag.tech

新北市林口區仁愛路二段 490 號 B5 棟 18 樓 L5 室

#A

谷林運算股份有限公司

引領眾人前往偉大新時代，航行於數位之海上的大船

GOODLINKER Co.,Ltd.

馮輝譯，谷林運算股份有限公司創辦人。出身科技的馮輝譯發現台灣的工業發展現況並不均衡，他決定以智慧生產產業帶動全台共榮；雖然創業途中不乏質疑的聲音，馮輝譯始終相信自己與團隊的力量，乘風破浪渡過所有難關。

1. 橡塑膠產業產線剪影
2. 染整產業產線剪影
3. 員工是最重要的資產
4. 模組化資料蒐集器安裝快速且保有升級彈性

強保可貴資源留台，力闢智慧化新徑

自全球化興起，許多品牌與商家紛紛移轉生產線至國外，或為了更低的成本，或為了更高的利潤；台灣亦不例外，許多優秀人才及高端技術持續大量流出本地，谷林運算股份有限公司創辦人馮輝譯為改善現況，決定以智慧工廠為媒介壯大中小企業族群，藉此保住國內優秀人才以及相關技術。

「我們希望產品能夠為企業二代與中小企業主帶來幫助。」

谷林運算主要的服務項目是提供企業產線設備數位雲端化服務，簡化後的資料蒐集模組服務樣板不但能大幅降低客製化軟體及硬體的高昂費用，同時也降低企業入門智慧生產的門檻；智慧生產四字看似陌生，實質上儼然已是未來的主流趨勢，舉凡數據化分析、圖表顯示、最佳化生產系統等功能皆根基於此。然而，目前在台灣這塊市場仍有許多未被滿足的需求，彷若一片待闢疆土，待過科技大廠鴻海富士康的馮輝譯深諳此道，於 2018 年，他與幾個志同道合的夥伴毅然決定攜手打造一艘能於數據化時代乘風破浪的台灣大船。

智慧生產新手包，一鍵快速升級你的工廠

谷林運算的命名由來其實是英文的 GOOD LINKER 諧音（譯：好的連結者），意為傳達該公司「希望能在人與機器間建立友善的連結，不單是人 vs 人、機器 vs 機器、更重要的是人 vs 機器」的信念。

谷林運算的企業願景是讓所有工廠都能受益於智慧製造，以邊緣運算技術打造出最快一日就能完成上線的生產資訊看板，這樣的觀念對於目前台灣的中小企業業主是新穎並前所未聞的，即便業

1. 外掛感測器蒐集機台工作燈號數據
2. 運作數十年的設備
3. 產線數位升級評估剪影
4. 谷林運算參與自動化工業展擺攤
5. 辦公室變生產資訊戰情室
6. 與地方政府及大企業探討智慧產業發展

主有意嘗試，過去也往往評估後因廠商報價不菲的客製化系統而遲遲無法下手。

大環境下，上市公司與中小企業所擁有的資本差異如同一座陡峭的斷崖，而谷林運算想做的便是在這座斷崖鋪建段落式的階梯，幫助中小企業無痛銜接新興技術。

在與業主接洽的過程中，他發現台灣中小企業實力其實很驚人，承包的業務多樣以外，企業主同時擁有寶貴的管理經驗與企業願景，馮輝譯在他們身上看見可能。若將成套智慧生產技術喻為十個工人，谷林運算就是讓業主能夠分別選擇他們現階段需要的服務，即便是資本額不高的工廠仍可受惠於這門技術。

「客戶只要跟著我們前進就好，其他的我們來想辦法。」

一艘船除了要有人掌舵，也要有人划槳

談及創業甘苦談，馮輝譯與商務長的答案皆是研發期。許多企業初創新期，總得先熬過沉悶漫長的研發期，在這段空有想法沒有實體的日子，即使跑業務客戶也根本不會買單，只能不停繼續著不曉得什麼時候會成功的實驗，直到靜待產品開發完成。然而，好不容易熬過漫長研發期的谷林運算過後並未迎來柳暗花明。

棘手的人才募集接踵而來，由於物聯網所交織的行業甚密，要找到這些能夠從事跨領域工作的人才們著實煞費苦心。即便困難重重，馮輝譯並沒有因此放棄，在不鍥的努力下克服重重關卡。

「如果有也想以智慧生產主題創業的朋友們，請一定要先找到好夥伴！」

馮輝譯正色給出創業建議，這已經數不清是第幾次馮輝譯提及「夥伴」的重要性。在深不見底的創業深海上，身為創辦人的馮輝譯就像一位船長，決定航行的方向，然而讓這艘前進靠的是船上的夥伴，每個船員們皆功不可沒。

知道客戶要什麼，你才會知道下一步要什麼

谷林運算相當重視客戶需求，對事業體來說，顧客對產品的反饋是一條幫助產品提升的重要管道，瞭解並滿足客戶實際應用情境比起開發外部資源、研發產品更是新創企業成功的一大關鍵。

談及未來規劃，谷林運算今年將廣募人才、增加據點，計畫於明年開始在同行業別更大規模地進行技術複製推廣，後年進攻東南亞、德國、日本這些國際市場。

谷林運算擁有傳統企業身上皆有的韌性，同時也具新創企業獨有的活力；智慧生產好比一艘優秀的船體，然而，再好的船若沒有人航行使用，終歸無法發揮它的價值，而馮輝譯與他的夥伴做到了，他們組起了船，划起生硬的木槳，在逆風中的大海前行，向著偉大的航道無畏駛進。

#B 商業模式圖 BMC

 重要合作

- 系統整合商
- 電信業者

 **關鍵服務**

- 產線數位化
- 生產資料蒐集
- 物聯網雲儲存

 核心資源

- 產業知識及技術
- 跨領域團隊
- 獨家專利

 價值主張

- 以物超所值的價格建構智慧生產基礎，使中小企業主能跨出升級第一步。持續創新，打造能夠滿足未來需求之服務。

 顧客關係

- 吸收回饋
- 教學相長

 渠道通路

- 系統整合商
- 產業顧問

 客戶群體

- 製造業工廠
- 機台設備商
- 欲跨入智慧生產領域者

 成本結構

研發成本、硬體成本、營運費用、人事薪資、業務開發

 收益來源

產品販售、雲服務月費

#C | 創業 TIP
筆記 ✏️

- 除了好的創業動機，好的夥伴亦是成功要素。

- 用心聆聽顧客回饋，專注產品改良。

#D | 影音專訪 LIVE

#A

行動支付王道來臨，你還在帶錢包嗎？

阿法碼科技股份有限公司

ΛlfaLoop
阿法碼科技股份有限公司

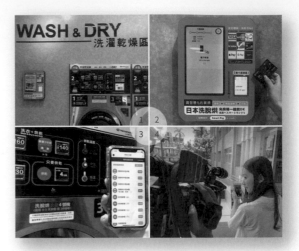

阿法碼科技股份有限公司共同創辦人謝松宇，於 2015 年底在謝文川老師的帶領下，與高雄科技大學行動與無線通訊實驗室的同學們一同設立了阿法碼科技股份有限公司，主打物聯網結合金融科技服務，意旨將傳統設備結合科技並導入非現金的串聯，帶給人們更簡便的生活。服務項目適用於常見的銅板經濟，包含：自助烘洗衣、自助洗車、自助加水、自助加油、自助繳費及販賣機等投幣式的機台架設，將其透過一顆小黑盒即能快速升級智慧科技，為台灣傳統自助服務產業打出一片新氣象。

1. 使用蜂鳥服務店家　　2. 產品 - 悠遊卡付款
3. 查詢機器運轉　　　　4. 高科大採訪側拍

一台飲料販賣機開始的故事

當年還是學生的阿法碼科技團隊成員們，去到校園內某個角落的販賣機，選定飲料後將硬幣投入，一陣沉默後飲料卻沒有一如往常掉入出口。大家呆愣著機台，便隨口說了聲「錢這種東西，有時候還挺麻煩的。」，此時「零錢銅板的不便」便為阿法碼科技的新一代產品埋下了種子。

在研究室的某個晚上，同學間閒聊中，突然想起飲料販賣機事件的窘境，他心裡冒出了這樣的想法：

「如果可以不帶錢包就出門，那不就沒這些困擾了嗎？」

在這個科技時代，非現金的交易模式已經如此普及，為何這些機台都還在使用這麼不方便的銅板？難道沒有實體貨幣以外的交易方式嗎？於是這樣的想法又再次的為後來的產品注入了萌芽的因子。

新興付費機制，取代舊有貨幣

於生活經驗中，團隊發現當時的自助設備消費模式以現金交易為主，因此他希望能打造出一個

「無現金」支付系統，使用者們不用攜帶現金出門也能進行消費，想像著那種體驗應能為消費者們帶來不少便利，畢竟會發現這樣的需求，是來自於團隊們的親身經歷，並與學長和學弟們一同將蜂鳥生活圈這個產品推出上線。

以「無現金支付」為出發點，觀察台灣目前仍需以現金支付的機台，他發現即使當時電子支付的觀念已開始崛起，但有許多商家仍未設有相關設備，原因是汰換價錢高昂，一般的小額資主根本負擔不起這樣的費用，阿法碼科技團隊見機找到研發突破口。

1. 一卡通五周年特展
2. 早期公司產品 (LINE Beacon 打卡服務)
3. 校內販賣機安裝測試
4. 中華電信 IoT 大平台創意應用大賽

「如果不能換機器，就讓它升級吧。」

歷經重重關卡，在團隊的分工合作下，阿法碼的主打商品問世了，阿法碼科技團隊將其命名為——蜂鳥生活圈。

蜂鳥生活圈，它是一個能夠任意串接在各種機台，並在完全不更動到原本控制面板的情形下，使原本投幣式機台新增行動支付功能的設備，這項服務榮獲「中華電信 2019 IoT 大平台創意應用大賽」冠軍。

一個人當十個人用，人事緊縮的現實

然，成功背後卻有著不為人知的艱辛。

團隊全部總共三個人的阿法碼於創業初期非常精實，從概念發想、產品設計、市場銷售、財務管理都由這三人完成。團隊成員都是程式技術專長領域，對此共同創辦人謝松宇常開玩笑的說：「我們都應該坐在電腦前敲鍵盤寫程式，而我是因為猜拳猜輸了，所以被推出去跑業務」，所以在阿法碼這間公司常會看見一人身兼多職、校長兼撞鐘的創業真實情境。

在市場推廣時，經常是開著車子出發開發客源，當有客戶表露出購買意願，便會告訴對方若是願意即刻安裝，將享有折扣優惠，藉此提高成交率。每當此時，顧客通常是滿臉疑惑地問道：「現在？不用請工程過來嗎？」而此時謝松宇即會回答：

「我就是工程師。」接著便轉身步至後車廂準備材料為顧客安裝產品。忙碌奔波、四處探訪、在車上解決三餐便是當時謝松宇的生活日常。

獲獎後公司業績蒸蒸日上，團隊並未滿足於此。阿法碼計畫在未來佈署更多機台，並開放點數系統，讓消費者能通過電子支付得到實體回饋。謝松宇表示自己想透過阿法碼所作到的不只是無現金社會，而是透過無現金所帶來的便利，讓更多的共享式自助服務設備能夠被使用，使家電的需求量降低，藉此降低家電廢棄數量，讓地球的垃圾量可以再降低。他舉例，當自助洗衣、加水等這些原先投幣式公用機台能夠以數位支付，使用率將大幅提升，消費者能藉此養成使用共用設施的習慣，家家戶戶效仿之下，人們添購洗衣機、烘衣機的需求也將降低，資源能夠透過分享得到更有效的利用。

科技始終始於人性

在阿法碼的創業故事中，我們看見所謂「市場需求」並不是光坐在研究室內苦惱就能得出答案，必須踏出門外，透過生活的體驗來找尋靈感。團隊成員自生活中發現貨幣的不便，並藉此產生想改變的想法，一路走到了現在。如果你正在對創業方向感到迷茫，不妨試著出去走走，呼吸點新鮮的空氣，也許在某個咖啡廳、某次的際遇你會找到屬於自己的靈感。

#B 商業模式圖 BMC

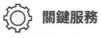

重要合作

- LINE Pay
- 一卡通
- 自助機台業者

關鍵服務

- 傳統投幣設備升級
- 物聯網金融科技

核心資源

- 高度相容，可適用於各種投幣設備機台
- 重要夥伴

價值主張

- 連結全球裝置，使人們從互相連結的裝置所產生的應用服務中受益。

顧客關係

- 雙邊回饋
- 店家、消費者、阿法碼三贏

渠道通路

- 實體據點
- 社群平台

客戶群體

- 慣於電子支付族群
- 苦於資金無法汰換機台升級物聯網及導入電子支付的商家

成本結構

研發成本、材料成本、營運費用、交通費用、人事支出

收益來源

蜂鳥生活圈雲端平台服務　訂閱費

#C | 創業 TIP 筆記 ✍

- 無現金支流將成為未來主流，電子支付將逐漸替代現金。

- 所謂的創意不是從無到有，而是從已有事物找出新的切入點。

- _____
- _____
- _____
- _____
- _____
- _____
- _____
- _____

#D | 影音專訪 LIVE

阿法碼科技股份有限公司

0966-449-263

https://www.alfaloop.com/service/

新竹市力行一路 1 號 1 樓 1A12-6

不動產的守護者

雙照地產

雙照地產 logo

創辦了雙照地產的負責人林志仲林代書，過去就讀中興大學地政系，科班出生，畢業後除了進入地政相關公職外，從事代書業也是一個選項。因為林代書崇尚自由，在自己的探索之下，自然而然走上這條路，在未來出社會和事業上都是在相關的領域努力。林代書期望透過雙照地產協助消費者擁有更高保障的服務。

不甘心就去改變，將情緒轉成能量

而一開始的事業僅僅只是代書事務所，在產業的法條修正之下，才因緣際會成為一間擁有雙證照且以雙證的專業服務的公司。80 年初，銀行法鬆綁，新銀行如雨後春筍的成立，而林代書先後接了大眾銀行、中國商銀、台中商銀、華僑銀行、復華銀行、台灣企銀、安泰銀行、建華銀行、新竹商銀等多家銀行的特約代書，當時真的案子都接不完。但在 87 年因為九二一地震的影響，中部房地產受到衝擊，銀行業也停止放款，當時三個月都沒有相關的案件，只有少數贈與和繼承的案件。

同一個時期，也遇上仲介協助買地的案件，當時雖然由林代書協助辦理簽約，過戶手續，到了結案點交地，當時結案結束仲介收取的費用是 2% 的費用，但身為代書卻只能領到一萬多塊，當時感受到代書似乎只是仲介的附庸，僅做為文書處理的行政人員，這讓林代書感到不是滋味。

也因此他決定成立仲介公司，惠仲不動產，同年考取不動產經紀人證照，後來林代書思考著如何在市場上突出，當時有朋友回饋提到林代書擁有兩張國家證照，似乎能夠提供更好的價值，因此請人設計規劃了企業識別、公司 logo、並將雙照申請商標註冊，後續推出惠仲地產做為品牌經營。

深度與廣度，讓原本的價值加倍提升

既是代書事務所、又是仲介公司，目前也因為新的法令通過，租賃住宅管理條例，通過加入工會及合格的證照，也有包租代管的服務。剛開始創立林代書就設定好要以加盟的型態來規劃，但卻一直找不到適合的人。當時又遇到名字、字體和顏色相似的競爭品牌，因此再次轉型，才有現在的雙照地產。

雙照地產希望能夠過仲介公司開發、行銷的優勢，結合代書對房地產的專業，客戶對代書的信賴，並且塑造一個良好的企業形象，來強化服務品質，在這過程當然也有辛苦，沒有

協助創造幸福的雙照地產

財團支持也沒有特殊背景，林代書憑藉自己的專業和熱忱在市場拼搏，而最困難的是在遇人留人的部份。

培養人才不容易，在市場上的曝光方式和店租成本都是相當高，人才的流失是造成產業不穩定的其中一個問題，林代書只能強化自己的市場知名度，以及服務的提升，讓雙照地產更加堅強，目前雙照地產有七個代書，其中有六個代書擁有雙證照，這些理念相同的夥伴一起來加入打拼，建立起優秀的團隊。

面對挑戰，提高競爭力

代書業因為政府的資訊透明化，百姓很多業務都可以自己到機關辦理，因為雙照地產較早看見趨勢，即便在代書事務所正在萎縮的現今，他們仍擁有自己的優勢，他們能夠處裡比較複雜且一般事務所較少處裡的案子，包含不動產登記、不動產融資、兩岸文書處裡、法拍案件、代撰遺囑、遺囑執行、祭祀公業。

房地產仲介則越來越建全，反而許多人願意把案件給仲介處理，而他們因為擁有雙照的優勢，因此他們勵志要成為「不動產買賣的守護者」大多數不動產都是相當大筆金額的買賣，因此多少都容易有糾紛，而現在雙照地產從未有任何一家糾紛，是他們相當自豪的一件事情，也證實了他們能夠給予顧客滿意的服務，能夠解決客戶的困難就是他們存在的價值。

而他們當然也希望在未來仍能維持好品質，並且精益求精，若有更多相同理念，且擁有雙照的地政士、經紀人一起共同打拼，可以成為消費大眾認同的品牌，並且擴大加盟，可以服務更多民眾，也同時期望提成整個產業，讓地政士及經紀人的社會地位能夠提升。

林代書透過自己的專業，提升產業價值，他也提到創業並不是容易的事情，尤其在資訊透明且快速流通的時代，更是需要行業人脈、足夠的資金來支持，專業與技術更是要不斷更新學習，且是基本的必備條件，考量好自身的條件、市場需求、行業前景，以及永不熄滅的熱情，才適合走上創業這條道路。

#B | 商業模式圖 BMC

重要合作

- 政府單位

 關鍵服務

- 不動產登記、稅務、規劃
- 不動產仲介
- 房屋代銷、包租代管
- 國有土地案件
- 法院非訟案件

核心資源

- 國家證照
- 雙照人

價值主張

- 以雙證照為在房地產與代書業務，為客戶做最好的服務與協調，成為「不動產買賣的守護者」。

顧客關係

- 一對一專屬協助
- 協助需求與價值的媒合者

渠道通路

- 口碑行銷
- 官網
- 591 房屋交易

客戶群體

- 不動產買賣雙方
- 地主
- 屋主
- 建商

成本結構

辦公室租金、考證照前置準備

收益來源

案件收入、傭金

#C | 創業 TIP
筆記 ✏️

- 提供兩個面向的專業，讓自己更有優勢和競爭力。

- 顧好服務品質，讓口碑協助吸引更多潛在客戶。

- _____
- _____
- _____
- _____
- _____
- _____
- _____
- _____

#D | 影音專訪 LIVE 📹

雙照地產

•LIVE ▶

(04)2632-0000

http://www.2license.com.tw/

台中市沙鹿區正英路 11-14 號

TIKTOK

BMC（範例）

重要合作

- 廣告商

關鍵服務

- 程式維修開發
- 設計
- 保存用戶數據

核心資源

- 技術
- 用戶群
- 網路
- 廣告商

價值主張

- 迅速易上手的影片製作
- 對嘴影片
- 巨集音樂資料庫
- 視覺特效

顧客關係

- 用戶可使用不同網絡上分享影片
- 認證帳號
- 可與其他用戶合拍影片挑戰

渠道通路

- App store

客戶群體

- 安卓／蘋果用戶
- 網紅
- 品牌商
- Z 世代

成本結構

伺服器與資料維護、平台開發、顧客服務

收益來源

禮物販售、品牌合夥、原生廣告（測試中）

我創業，我獨角（練習）

設計用於 _____ 設計人 _____ 日期 _____ 版本 _____

| 重要合作 | 關鍵服務 | 價值主張 | 顧客關係 | 客戶群體 |

核心資源

渠道通路

成本結構

收益來源

Chapter 3

#A

杰哥企業有限公司

木頭還能養身？攀升新建築搜尋榜第一的木建築

塗美珠，熊本木屋董事長。為了找尋夢想中的榻榻米，塗美珠一腳踏入木材界，已擁有許多品牌的她是第一次單純為了自己創業，隨著對木材的了解加深，塗美珠認為木材能為世界帶來正向改變，她以木造建築出發，致力教育、導正消費者刻板印象。

1. 熊本木屋體驗館
2.3.4. 木屋內部結構圖

「我創業不是為了成功，我只是沒別的辦法了。」

熊本木屋董事長塗美珠在被問及創業動機的時候這麼回答道，她不卑不亢地直視著採訪者，語氣裡聽不出什麼情緒，但卻有什麼被點燃的聲音，那是生存的火苗。

「在我那個年代，女人很難在外頭找工作的。」塗美珠淡然地補充道。

總想給孫子最好的，親手打造快樂天堂

現下手邊已有六間企業的塗美珠可以說已經非常成功，被問到為什麼還再接手熊本總代理？塗美珠首次展開笑顏，她瞇著眼輕快回答：「我一直在為我孫子找一個歡樂天堂啊。」在塗美珠的想像中，那是一間佈滿榻榻米的溫馨和室，為此她奔波數年，卻始終找不到心目中那片適合的榻榻米。皇天不負苦心人，塗美珠在一次建材展中意外發現熊本縣出產的榻榻米居然完美呈現出她夢想中的觸感及樣貌，她拉著當時熊本的海外品牌管理人講了四個小時的話，就是為了收購不到兩平方的小東西，甚至還不惜追到日本，但也是這份堅持，結下塗美珠與日本熊本縣間的善緣。

於離今約四年前的二零一六年十一月十八日，塗美珠當時許下一份願景「希望未來自己可以不用再為錢工作。」經手多間企業的塗美珠坦然道，自己目前除了熊本木屋以外的企業皆是以營利為主軸，然而熊本木屋對她來說卻是別具意義；熊本木屋一個為了快樂而存在的地方。當熊本縣海外管理員總算首肯販售榻榻米給塗美珠時，她才發現自己要的不單單只是這些，她要的是一個空間，一座歡快天地。因此她大膽向熊本縣政府提議，自願做為代理推廣熊本縣知名的「木造文化」這是人生數十年來第一次塗美珠為了自己而非金錢做出決定。

木造建築百害而無一利？揭秘木建築

即便木造建築在熊本縣已打下深厚根基，但將產業轉移到台灣的過程中仍然遇上許多困難，首當其衝的便是國人普便對木造建築的偏見，在台灣

1.2. 木屋 3D 模組圖　　3. 幽靜的木屋帶給人清爽感
4. 會館舉辦活動中　　5. 熊本熊の移動城堡樣品屋

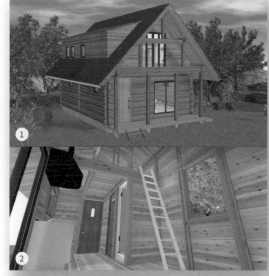

※イメージ画像です

民眾的認知裡，木頭並非房屋建材適料；木料怕潮濕、怕蟲蛀、修繕費用極高，一般人聽到木建築，滿嘴盡是數落。然而塗美珠強調只要透過正確的施工方式及適合的木料，木造建築比現在市面上鋼筋混凝土、水泥房屋堅固數十倍。

「教育消費者很困難，但我還是會做。」她的口吻帶著自信。

塗美珠並非空口白談，透過木頭獨有的插榫系統，材料不必透過釘子螺絲就能達到很好的接合效果，另外她也提及木建築不使用化學塗層，因此能夠排除有機化合物危害人體問題，更重要的是，意外發生時，不含化學成分的木建築其實在安全性上比現有房屋結構高上許多。塗美珠繼續補充道：「木頭內含的負離子、芬多精能有效提升現代人嚴重失衡的睡眠品質，同時還能達到隔音與隔熱的效果，我覺得甚至可以這麼說，木建築是一種養生的選擇。」

在我的世界，沒有困難兩個字

縱使木建築的確是現下國際環保建築的話題排行榜 No.1，儼然是未來的趨勢主流，國外也有許多興建的設計成品，但在國內木造房屋不被待見亦是鐵錚錚的事實。當被問到如何解決上述偏見或其他的障礙時，塗美珠只是笑著搖了搖頭說：「我覺得沒有什麼是時間跟毅力不能解決的，因此在我看來這些都不是問題。」

俗話說：眼見為憑，塗美珠為此特地於台中霧峰

搭造一座木造房屋供人觀看、參訪，預算充足的人們甚至能夠申請住宿體驗，她深信木建築的好禁得起考驗，並能隨著時間顯現它的價值所在。

除了要克服消費者的刻板印象，實體搭建也相當耗費心神，塗美珠解釋熊本縣木造工法為獨有技術，身為代理方的她得多方往返訊息，確認設計細節、開工日期等，最終才能聘請日本技師團隊前來台灣進行施工。

專注當下，放眼未來

談起熊本木屋的創業心路歷程，塗美珠淡淡吐出：「創業真的是一條很辛苦、很辛苦的路，希望所有想創業或正在創業的朋友們，都能堅持到底。」

自始至終她的神色裡沒有不耐或疲憊，塗美珠維持她的一貫本色，如立春時節上不經瞥見的一舟扁葉，然而我們不知曉的是，它撐過了多少次曝曬的乾渴、刺骨的嚴冬才熬到湖水再次流動。

前來體驗的顧客們

#B 商業模式圖 BMC

重要合作

- 熊本縣政府
- 日本工廠
- 木材商

關鍵服務

- 木造建築

核心資源

- 多元產業經營經驗
- 他國政府合作
- 日本專業技工

價值主張

- 希望能透過使用環保的建築，為地球盡一份心力。
- 洗刷木造建築舊有印象，為台灣建築業注入新活力。

顧客關係

- 教育翻轉

渠道通路

- 實體據點
- 官方網站

客戶群體

- 喜愛木造建築者
- 注重環保族群

成本結構

營運費用、人事薪資、原料進出口、
外聘技術人員、參訪中心維護

收益來源

產品販售、參訪中心體驗費用

#C | 創業 TIP
筆記 ✎

- 除了賺取利潤，亦為社會做出回饋。

- 深信自己走於正途之上，不被流言蜚語影響。

- _____

- _____

- _____

- _____

- _____

- _____

- _____

- _____

- _____

#D | 影音專訪 LIVE

杰哥企業有限公司 - 熊本木屋

(04)2493-2637
https://www.facebook.com/
KumamonTaiwannewhome/
台中市大里區至善路 169 號

草屯知達工藝會館

結合傳統工藝，給你獨一無二的飯店體驗！

知達工藝會館
Caotun zhi da craft Service Guest House

林吉財，草屯知達工藝會館董事長；林志豪，草屯知達工藝會館館長。林吉財於一次旅途中到訪工藝中心，發現當地駐有許多手藝精湛的師傅，而且還提供 DIY 體驗課程，碩士主修休憩系的林吉財瞥見商機，規劃方向以工藝為主題塑造草屯知達工藝會館。草屯知達會館現今已成為南投第一大特色工藝旅店，以文創新特色住宿休憩空間廣為流傳。

1. 會館 - 紅樓 - 白色戀人
2. 會館 - 紅樓 - 天地流動
3. 會館 - 紅樓 - 波光幻影
4. 會館 - 紅樓 - 琴香古韻

NOT ME TOO, ONLY I DO.

主修休憩相關科系的林吉財，在服務飯店客戶期間參觀過非常多的飯店，看著一個個華美燦爛水晶吊燈、制服統一專業職員、滴水不漏空間設計，林吉財在心裡默默埋下了「擁有自己的飯店」的夢想幼苗。畢業後的他，如心中所願開了飯店，雖然一切看似順利，但林吉財心理總覺得離夢想真正成真還少了點什麼。

因緣際會下，林吉財有幸承攬草屯工藝業務，並在當地體驗了工藝相關的 DIY 課程，於過程中他禁不住連連讚嘆傳統工藝的美妙之處，同時想著「要是大家也能感受到我現在感受到的就太好

了…如果…」話尚未說完，林吉財的大腦卻宛如驚雷作響，他終於意識到自己多年來不知名的遺憾來自於何處，原來他想要的不只是「擁有自己的飯店」而是「擁有獨一無二的飯店」。工藝研究發展中心擁有全國工藝大師聚集，這是林吉財夢想成真的最後一塊拼圖。

雖然在工藝這塊專業上林吉財並不熟悉，但說到經營飯店，他自認不會輸給其他人（前身經營暨管理過苗栗明湖水漾會館、鹿港知達文教會館、台中文王大飯店…等）林吉財決心承攬文化部所屬知達工藝會館，抱著打造「全臺最大、最有特色的工藝會館」之宏願正式著手相關事宜。

藝術界的價值，非來自於錢

然而，與師傅的接洽並沒有如預期進展地順利。草屯工藝會館館長林志豪表示一開始可以說是碰了一鼻子的灰，與工藝師傅毫無感情基礎又對專業一知半解的他吃了好幾次的閉門羹。在師傅們的眼裡，林志豪只是為了幾個臭銅錢才前來到訪，根本不在乎他們努力守護至今的傳統技藝，斷然便拒絕了他。

在資本主義疊起的高牆下，藝術、思想、人性這些無比珍貴的文明價值逐漸沒落，淹沒在厚厚的金流下，變得稀薄、脆弱、不堪一擊。許多繪畫、雕塑、音樂等自古傳承下來的技藝不斷地式

1. 會館外觀　　　2. 會館 - 紅樓
3. 紅樓 - 竹影清境　4. 會館 - 銀河星語
5. 淼森系雙人房　　6. 餐廳

微甚至消失，也就是這樣的現況造就保留下來的各項技法彌足珍貴，工藝中心的師傅們代代傳承家族工法，在他們眼裡這除了單純的技術承接，背後更有著一般人無法想像的使命感，他們對外行人、商業包裝築起銅牆鐵壁，深怕自己守護的寶藏遭他人玷汙，或許這在他人眼中淪為食古不化，工藝中心的師傅們仍擇善固執，因為他們保衛的是文化價值。

即便師傅們態度堅決，林志豪並未就此放棄，他心想就連劉備這樣的千古英雄都要三顧茅廬才能請得動諸葛孔明，更遑論是自己這樣的市井小民呢？林志豪絲毫不受打擊，越挫越勇，每天到師傅們跟前報到，不厭其煩地重申自己不是單純將合作視為一筆交易，而是一個傳承傳統工藝的機會。林志豪的努力最終打動了師傅們，師傅們應許與林志豪合作，與他攜手打造集技藝、文化、飯店、觀光融合於草屯知達工藝會館。

滿足五感體驗的工藝文創之旅

草屯知達以飯店為經營主題，除了優秀的硬體設備，每個房間更佈有特定主題與文創技藝結合，舉凡琉璃、竹、木藝、陶瓷、金工、藍染等…風格分明的設計使顧客每每住宿都能享有新鮮體驗，讓人產生十足的期待以及再度體驗的渴望，許多消費者回饋飯店充盈藝術氣息，住宿體驗不但與眾不同也相當舒適美好。

除了飯店本體，林吉財亦積極推廣在地文化，飯店內部設有知名工藝品，以往名貴、收藏品等級的藝品現在成了人們能夠直接以目而視、以肢體碰觸的真實存在，藉此大幅縮短藝術與人之間的距離；另外，飯店亦提供手工傳統技藝體驗課程，內容豐富泛至陶藝、竹藝、木雕、藍染…等皆囊括其中，比起直接販售成品，林吉財選擇提供顧客另一個選項：親手操作。即使手法粗糙、紋理不一、與專業的手工品大相逕庭，卻飽含獨到的感情；一個人全心全意所創作出來的作品，在林吉財眼中遠遠勝過世上的任何一家知名品牌，而這正與草屯知達的核心價值：「回憶、溫度、感動」不謀而合。

2020 年，新冠疫情肆虐，政策下人人皆須保持社交距離，但仍不減草屯知達服務溫度；該企業引進數位技術，透過人與機器兩者間的連結提升服務體驗，縱然機器與人看似矛盾、衝突，但林吉財認為科技始於人性，他將優秀的技術視為工具，以它為媒介來呈現溫暖人心是林吉財的因應變革。

團結一心，改變單打獨鬥的舊習

林吉財創業一路走來總是在找尋各方的平衡，像是文創與經營間、顧客與飯店間、甚至是企業與企業間。他期望他日能與同業、異業主進行聯盟，將草屯知達這般非單純商業經營化的模組複製到全臺各地，透過這樣的方式串連各行各業，改變台灣的產業結構，實現共利共生分享的理想。

#B  商業模式圖 BMC

 重要合作

- 草屯知達技藝工匠
- 國立台灣工藝研究
- 發展中心
- 靈知科技
- 明湖水漾

關鍵服務

- 飯店住宿
- 工藝品販售
- 手工體驗課程

 核心資源

- 飯店實務經驗
- 在地藝術家
- 專業團隊
- 禮自慢文創坊

 價值主張

- 文創結合飯店經營，提供工藝課程、體驗服務打造滿足身、心、靈三面向住宿會館。

 顧客關係

- 客戶至上
- 教育文化價值

渠道通路

- 實體據點
- 社群平台

客戶群體

- 喜歡傳統技藝者
- 家庭族群
- 旅遊產業
- 活動企劃產業
- 教育單位

 成本結構

營運成本、人事成本、備品替換清潔

 收益來源

住宿費、課程費、工藝品販售

#C | 創業 TIP 筆記 ✏️

- 商品價值除了以金錢衡量，還有許多可以審視的面向。

- 數位科技勢必成為未來主流，思考如何融合自有產業進行轉型為突破點。

#D | 影音專訪 LIVE 📹

草屯知達工藝會館

(04)9230-6969
https://www.booking-wise0.com.tw/zhida/zida/
南投縣草屯鎮中正路 574 號 1 樓

#A

為改變業態而創立

潔易管理顧問有限公司

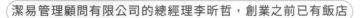

housekeeper
潔易管理顧問有限公司

潔易管理顧問有限公司的總經理李昕哲，創業之前已有飯店產業 14 年的經驗，在工作的幾年間他看見飯店產業的痛點，為此讓他有了嘗試創業的念頭，除了改善業界問題，也給自己一個跳脫職場的機會。

1. 領隊員工旅遊訓練　　2. 不定時員工餐敘
3. 4. 員工合照

台灣擁有豐富的天然資源，雖然地小卻擁有多樣化的地型與文化，發展觀光服務一向都是台灣重要的經濟來源之一，但是台灣的觀光也面臨到劇烈的挑戰，除了觀光客的減少，產業內部也有很大的問題。而昕哲就是看見飯店的人力缺乏，以及基層人員的平均薪資低落，這樣惡性循環的問題需要被解決，目前卻沒有方式處理。

昕哲基於自己對於產業的瞭解，在業界所累積的資源及人脈，他相信自己可以改變這樣的現況，他提到自己的野心比較大，希望台灣的環境對於飯店產業，可以做到如國外對於相同產業的尊重，並且給於相對應的薪資條件，因此他以潔易管理顧問有限公司做為他夢想的載體展開他與業界問題的抗爭。

為基層員工發聲，創造共利平台

潔易管理顧問有限公司，以飯店業的房務人員外包為主要服務項目，這是事業起步時就設定好的方向，當然過程遇到許多問題和挑戰，剛開始最直接的問題就是資金，既然承諾給予員工更好的福利，無論公司營運狀況如何都必須達成，一開始非常艱困，為了讓自己企業的狀態穩固下來，昕哲只能不斷增資。

而他開給飯店業的服務價格比起同業更高，前期需要更多推廣和信任，而價格背後相對應的價值就是能夠提供更穩定更優質的團隊成員，以及固定人員進駐同一間飯店，降低人員流動和品質不穩定的問題。

員工的招聘方面，則是出現因為薪資開價較高反而讓許多人存疑，認為公司是詐騙，但憑著誠信和真實的接觸，慢慢有更多人認同昕哲想要創造的價值。如何平衡自己的公司營運，經營產值和薪水支付之間都要特別考量。創業的路上人的問題通常有最多變數，尤其潔易管理顧問有限公司做為一個人力媒合平台，要溝通整合每一個人的想法，或是要傳遞信念價值，本身就不是一件簡單的事情。

不忘初心，維持品質保持優勢

即便這麼多的困難，也沒有讓昕哲改變他的初心，尤其自己曾經做過底層的業務，做過管理階層，現在身為企業主，他也仍記得自己創業的理

1. 潔易管理顧問有限公司名下子公司 -
   雨辰防水工程部及旅創星活動企劃團隊
2. 領隊每月例會 -
   新進員工介紹、課程教學及當月檢討
3. 領隊於高雄科學工藝博物館定點介紹學習
4. 總經理當選當第 11 屆中華國際觀光教育學
   會理事證書
5. 體恤員工辛苦 - 領隊員工訓練住義大

由，盡可能給予員工更多回饋，只要員工有達標或是多做的案件，他都會給予相對應的獎金，對昕哲而言該給的就要給，公司賺不賺得到更多利潤是公司的本事。

昕哲笑說，有些新進員工很可愛，因為領得薪水比想像的多而打電話到公司詢問是不是算錯薪水，而且還連續兩個月做一樣的事情，故事雖然有趣，但聽起來也令人心酸，這代表著在這個產業界，基層員工的薪資確實平均不高，且已經是習以為常的業態，這是潔易管理顧問有限公司為何要創立以及想要改變的問題，而他們也確實走在這條路上，他們做到讓許多同行意外，真正改變了基層員工福利的問題。

對於飯店業而言，潔易管理顧問有限公司的品質和專業看得見，也因為管理和培訓的優勢，能夠提供更穩定且優秀的人員。除此之外他們擁有品牌行銷的能力，因此飯店業也樂意與他們合作，而在這同時潔易管理顧問有限公司也用合作的方式讓飯店提供場地，讓教育訓練更加紮實且符合現場狀況，能夠讓夥伴們在正式上場前就擁有即時戰力。

勇敢開創只屬於自己的路

同時昕哲也培養自己的活動隊，他思考如果自己在房務這塊可以做得成，觀光的部分他也有信心，要解決的問題本質上相同，讓基層的活動人員有更好的福利和薪資。

未來的路昕哲也都思考過，發展觀光旅遊的包車服務，另外也在台灣的各地佈點，讓訓練場所更多，也讓更多人看見這個品牌，無論如何昕哲還是維持自己初衷，除了薪資的提升，也會有員工旅遊或是活動，讓員工可以全額補助參與。在員工旅遊的過程加入活動的企劃，加強員旅的趣味性之餘，也激發員工創造力，同時協助活動部門的人更瞭解每個地區的當地文化，可以深度導覽。

昕哲之所以能夠讓事業發展朝著自己想要的方向一步一步實現，是因為他認為事情要做就做到最好，他大膽、不服輸，做了許多常人不敢的事情，讓自己沒有退路，就能心無旁鶩的往前衝，雖然過程也曾想過放棄，但他仍選擇不斷的回顧初衷，並且在這條路上勇往直前！

#B | 商業模式圖 BMC

重要合作

- 飯店
- 清潔用具廠商

關鍵服務

- 飯店房務
- 餐飲廚具清潔
- 人力派遣
- 建築物交屋清潔

核心資源

- 人力資源
- 產業經驗

價值主張

- 做為媒介同時提供基層人員的工作保障，也提供飯店擁有更優質的人力。

顧客關係

- 互相合作

渠道通路

- 官方網站
- 臉書

客戶群體

- 飯店、旅館
- 大型餐飲集團
- 百貨公司

成本結構

- 人力成本

收益來源

與飯店的合作抽成

#C | 創業 TIP 筆記 ✎

- 深入產業，瞭解市場痛點，看見需被解決的問題。

- 大膽冒險，小心風險，做別人不敢做的事情，得到的是自己的果實。

#D | 影音專訪 LIVE

我獨創角業，
UNiKORN
UNiKORN
UNiKORN
UNi ORN

潔易管理顧問有限公司

• LIVE ▶

(03)302-7309

https://www.jyi-housekeeper.com.tw/index.html

桃園市桃園區永順街 1 巷 15 弄 36 號 2 樓

#A

全世界最幸福的地方，應該要是家

極星空間美學設計

STAR . DESIGN

何翊睿，極星空間美學設計設計總監。何翊睿起先並沒有創業念頭，在一次與風水師的邂逅，他意外發現自己對相關知識十分有興趣，為將命理知識落實於生活，何翊睿看中室內設計這塊市場，著手準備創業，經歷一番波難後極星設計正式開創。

1.2.3.4. 成品照

勇於探索新知，意外發現新世界

某個平凡的下午，何翊睿步入父親經營的複合式餐飲，打算悠閒渡過陽光和煦的午後。一步入店裡，父親並沒有如同往常般待在膳台旁準備餐點，反而與鄰居和一位素曾謀面的先生一同圍在桌邊似乎在討論什麼重要的事。好奇的何翊睿湊了過去，發現原來這位生人是鄰居介紹來的風水師，父親希望能夠過師傅的提點讓店裡的生意好轉。一旁的何翊睿對此感到十分新鮮，他默默觀察風水師行雲流水般地遊走於店內，時不時提出擺設建議，並詳細的進行解說，不知怎地，明明

是很平靜的畫面，何翊睿卻激動不已，內心的他渴望著得知風水背後的原理及其運轉的模式。

風水師離開後，何翊睿馬上向父親提出內心的想法，父親第一次見何翊睿臉上出現這麼認真的表情，他只是拍了拍何翊睿的肩膀表示支持。

何翊睿開始了風水之旅，找上先前為父親餐廳看風水的師傅，他作為學徒遍足各地觀察案例、努力釐清這門學問背後複雜的原理。像是為什麼東西要擺在什麼方位？而每個擺設的意義又是什麼？特別的是，何翊睿的師傅並不如傳統的風水師，總是滿口玄疑怪奇的說明，相反地，師傅總是將命理融合於生活中，以簡單直接的方式幫助何翊睿學習，一年後的何翊睿順利習得他想要的

學問，與師傅告別後，他一腳步入工程行業。

然後他所不知道的是，學習命理的經驗為將是自己創業路上的一大助力。

客戶激情鼓勵，設計工作室開張

進入工程行業的何翊睿，穩穩地一步一步向上爬，當上了主管，幾年過去，他發現工程方與設計師經常產生溝通困難，許多設計師所提供的設計圖並無法順利執行，即便硬著頭皮作，成品壽命也會相當短，故此他常會與設計師進行二次溝通，建議對方也許需要在某些細節上作調整，才能完整呈現設計師心目中的樣貌。

1.2.3.4.5. 成品照

身邊的夥伴與客戶見此，紛紛建議何翊睿自行創業，他們認為何翊睿既有工程知識，也擁有一致的好口碑，何不如往帶著工程專業往室內設計發展。一聽及此，何翊睿內心為之一震，他暗暗作出決定。懷著期待與不安各半的情緒，他提出離職，雖有一手高超工程技藝，但何翊睿曾未有過設計經驗，因此他透過職訓局、大學、補習班學習設計技能，同時積極考取職業證照，對於創業這條路，他是認真的。

從命理入門，再到工程業，最後在設計業停下腳步，極星設計公司正式開張。

實用 + 美麗 = 核心

室內設計所涉及的領域極廣，除了基本的設計以外，建築、裝潢、採購皆包含在內，可說是跨足許多領域的一門產業。縱然何翊睿擁有工程專業並也習得設計技能，然而對一個新手來說，要熟悉這些流程並作出令人滿意的成品仍是一大挑戰，在時間的沉澱下，何翊睿找到自己的步調，並將自己以往所學的命理知識與設計結合，除了好的設計也為客戶帶來好的磁場。

極星設計提供高品質與完善的設計服務，意旨為每個客戶打造他們心目中的專屬天堂。每個極星的技師都是在本行打滾數十年的老師傅，他們總能夠精準完成何翊睿提出的要求，工程施工其實並沒有太大的容錯率，很多細節若不能一次到位就會影響整體效果，然而堅強的團隊每每總能成

功完成委託，也是這樣強大的實力帶給何翊睿極大的自信，讓他能在創業無畏地大步前行。

除了高超技術，極星還有一個很大的特色。

「我們堅持東西除了好看，也要實用。」

何翊睿認為如果空間只是單純為美感設計，而不顧使用性，會形成一種華而無實的浪費，好用的內容加上美觀的外表才是他心目中的完美設計。

一個有溫度的家，才有人情味

極星設計主張「一個空間不論再怎麼花俏、華麗，最重要的還是住起來舒不舒服，能不能帶給人歸屬感」雖然設計這件事耗腦力又耗體力，每次接案何翊睿與團隊總是累得要死要活，然而這一切的辛勞都在看到顧客滿意的笑容後一揮而散。

未來極星設計將極力縮編至最小單位，並系統化團隊，傾力給顧客最好的服務，亦正在進行服務內容的企劃發想。

成品照

#B | 商業模式圖 BMC

 重要合作

- 技師團隊

 **關鍵服務**

- 室內設計
- 售後服務

核心資源

- 專業技工
- 工程技術

 價值主張

- 設計必須美兼具實用，且能製造出溫馨氛圍使人逗留。

 顧客關係

- 雙邊互動
- 重視回饋

渠道通路

- 實體據點
- 網路平台

 客戶群體

- 欲改建空間者
- 企業主

 成本結構

工程施工、營運費用、人事成本、材料採購

 收益來源

設計費用

#C | 創業 TIP 筆記 ✎

- 順心而為，意外的擦撞才能產生火花。

- 擁有可信任的團隊是企業的強心針。

- _____
- _____
- _____
- _____
- _____
- _____
- _____
- _____
- _____

#D | 影音專訪 LIVE

極星空間美學設計

(04)3508-0444

http://www.zs9894.com/contacts/

台中市西屯區中康街 117 號

追求更好的生活品質，從空間開始

京平院設計事業有限公司

張祖威，京平院設計事業有限公司設計總監，從事設計工作迄今已十餘個年頭。2014 年，張祖威創立京平院設計，他希望能以不同角度切入設計，改變以往設計師為主的風氣，改以業主們的角度出發，創造出獨一無二屬於他們的空間。

受親友影響，自小便懷創業理想

高中的張祖威只是個一般學生，與其他同儕一般，對於未來他並沒有特別的想法，甚至可以說有些迷茫；在一次與堂哥的對話中，張祖威對人生有了截然不同的想法。在國外工作的堂哥，收入以年計算，與台灣的月薪制有著很大的歧異，這不禁讓張祖威試想若將一份收入從「月」延長至「年」來檢視，四個季節、十二個月的時間內其實可以完成很多事情；如果有這麼多時間的話，那肯定可以作出一番成績的吧，張祖威心裡這麼想著。

然而，有什麼方法或職業是能以年作為單位驗收成果的呢？張祖威絞盡腦汁，發現答案其實很簡單但也很困難─創業。創業須投注相當的心力與時間才能得到回報，經營事業體注重長久發展，看的是一季、一年甚至是十年，選定方向的張祖威在 16 歲這年與自己許下約定：「35 歲以前我一定要創業！」

不斷學習磨練，將經驗作為養分

創業前的張祖威，於各行各業間學習，一邊探索自己的興趣所在。慢慢地，張祖威察覺自己對畫畫、構圖與建築領域富有極大的熱忱，就這樣他

自然而然地朝向設計的方向前去，33 歲那年，他實現與自己的約定，成立了京平院設計。

由於設計行業價格本來就很浮動，再加上業主想法也常常朝令夕改，創業初期張祖威便遇上資金調度上的困難，面對這樣的情形，張祖威深深地感到力不從心。但他並沒有選擇放棄，調整自己的看法與步調後，他漸漸在這門競爭激烈的行業中找到自己的生存之道。

讓顧客身歷其境，重視雙向溝通

京平院主要服務項目是室內規劃與室內設計，以顧客需求出發，創造他們期望的空間、氛圍。除

了室內設計以外，京平院亦承攬半土地開發、商業大樓、商業辦公室等地相關業務。

張祖威表示京平院的核心理念很簡單：「我們是實踐者。」京平院希望每一次成果都能準確達到甚至超乎客戶的要求，從一開始的風格、需求洽談、丈量、配置需求到最後簽訂契約，京平院不容得一絲馬虎，為了打造符合顧客的夢想空間，京平院推出 3D 動畫的服務，透過 3D 動畫，顧客能以設計師的角度環顧整個空間，進而實際提出想法探討，在這樣的機制下，顧客能夠精準點出擺設、格局等希望調整的部分，顧客與設計師再無專業之隔，能夠流暢有效地進行溝通，

一個組織的運作並不容易，身為經營者必須對管理、結構、中長期計畫具有清晰的脈絡，身為老闆應該要能宏觀整個事業體，不能只單純專注在專業上忽略經營的重要性，因此除了設計本業，張祖威亦進修許多企業經營相關課程來補足自己

的短處。同時他也極力招募不同專業領域的人才，如動畫、運鏡、3D 模組…，張祖威希望透過這些跨領域合作，除了能夠進一步幫助客戶瞭解自己的需求，也能為設計這個產業帶來新活力。

堅定的理念，打不倒的信條

設計業相對於其他行業，創業門檻並不高。然而近幾年，隨著區塊分割漸趨明顯，設計產業亦產生許多分流，產業競爭越發激烈，如何在湍急的支線中找到自己的立足點，張祖威給出的答案是：「思考自己究竟想要提供給客戶什麼。」

他補充：設計創業的成本主要在腦袋，與其想著如何贏過同業的人，不如去想「該怎麼區隔開同業的人」。

回到創業本體，張祖威靠著年輕到現在的熱情走到了現在，他笑道自己現在仍非常熱愛設計，還是常常為了一面電視牆、一片天花板、一個微乎

其微的細節輾轉反側。也是這樣近乎吹毛求疵的品質堅持，為京平院帶來許多珍貴的客戶。

在創業這條路上，我們不乏聽見那些已經成功的創業家們高喊著「熱情、堅持」的口號，然而簡單的四個字卻能夠在黑壓壓的現實下輕易被捏碎。或許是他人的冷嘲熱諷、親友的不贊同、收益衰退、資金困難…一路上，你會遇見數不盡的阻礙拖著你的步伐，因此這些聽似陳腔濫調的鼓勵，其實是創業家們用血和汗濃縮成的箴言，如果你也是想要創業或正在創業的夥伴，相信在看這篇文章的你肯定深有感觸。

放棄，是相對容易的選擇，但為什麼許多人仍持續努力呢？每個創業家都有自己想守護的價值，可能是信念、品牌、團隊，即使犧牲無數的心血才能得到那麼一丁點可見的成果，他們仍頑強與現實抵抗，深信有一天能夠走出自己的路。

#B 商業模式圖 BMC

重要合作

- 技工團隊

關鍵服務

- 室內設計
- 老屋翻新
- 售後服務

核心資源

- 攝影運鏡
- 職業工班
- 3D 動畫

價值主張

- 給客戶物美價廉的設計體驗，為其打造專屬空間。

顧客關係

- 以人為本
- 終生保固

渠道通路

- 實體據點
- 社群平台

客戶群體

- 自有屋宅群體
- 企業主

成本結構

動畫成本、進材費用、營運成本、人事支出

收益來源

設計費用

#C | 創業 TIP 筆記 ✎

- 堅持核心價值，勿盲從主流。

- 以人為本的設計理念方能打動人心。

#D | 影音專訪 LIVE

京平院設計事業有限公司

(04)2323-8080

https://zh-tw.facebook.com/JPYDesign/

台中市南屯區大墩十四街 194 號 5 樓

灰色大門設計有限公司

好的設計，讓你心甘情願宅在家！

林宜成，灰色大門設計有限公司執行總監，設計師出身，在業界打已滾數年。隨著時間流淌，他發現自己的彈性與創意於長期受僱之下日漸限縮，決定找回設計自由的他毅然決然與謝嘉玲設計總監共同合夥創業。

1.2.3.4. 作品照

生於憂患，死於安樂

林宜成就讀建築系，剛出社會工作的他先進入建築工程領域後進入室內設計，成為一名真正的設計師，工作數年後的他在業界已打出知名度，更在競爭激烈的設計業裡擁有一席安定之地，如此一帆風順的際遇羨煞旁人，皆稱他為「人生勝利組」然而，身為當事人的林宜成卻有著截然不同的想法。

「我的時間完全被套牢，設計上也不能盡我所想地發揮。」

設計本該忠於使用者，然而身為受僱的員工，總有時在設計上聽從上司的想法，或許是為了公司經營，或許是為了企業價值；因此即便擁有一份薪水優渥、福利豐厚的工作，他對此並不自鳴得意，甚至有些害怕起來。日漸失去創作自由的他，決心改變現況，找回他當初對設計懷有的那份理想，帶著多年豐富經驗，他離開了就任的公司。

準備創業期間，林宜成結識謝總監，幾番談話後得知謝總監旗下有一間設計工作室，目前打算找人合夥成立公司，正巧與林宜成所念不謀而合，因此謝總監產生與林宜成合夥的想法，然而創業畢竟是件大事，容不得半點大意，林宜成決定持續觀察再做決定。經過一段時間的合作配合，林宜成發現謝總監擁有自己缺乏的業務能力，而謝總監的工作室同時也需要專業人士以獲進一步成長，如此神來一筆的互補關係帶給林宜成很大的信心，爾後謝總監正式提出合夥邀約，做事謹慎的林宜成稍做評估後，很快地便答應，灰色大門設計正式創立。

從受僱者到企業主，掙扎難耐的轉換期

與謝總監成立灰色大門設計有限公司後，林宜成總算切切實實地體悟到一句話—「有些事情你只能自己面對。」身為一位老闆、合夥人，肩上沉甸甸的重擔讓人寸步難行，連張口喘口氣這種小事在這條路上都變得如此困難，自創企業後，很多事只能自己做也只有你能做，於創業初期的身

1. 獎狀照　　　2. 公司日常照
3. 工作照　　　4.5. 作品照　　6. 環境照

份轉換，著實讓林宜成辛苦努力好一陣子，但他不忘自己心裡那份對設計的執著，一步一步披荊斬棘，屏除創業路上所遇的一切障礙。

家應該要是每個人心裡最喜歡的地方

除了找回設計自由，林宜成還有想做的事情，他認為「設計」不應為公司核心主軸，對他來說「人」才是。

家，每個人都會回家。然而所謂的家，究竟應該是一個怎麼樣的地方？對林宜成來說，家的主體是人，而非空間。家應該是人住進去能夠安心、放鬆、感到舒適的地方，必須能讓人產生想要長時間駐足於這個空間的欲望。林宜成認為一個空間該是什麼樣子是通過住在那裏的人決定，並非設計師或空間本身，所以比起華麗、精密的設計圖，林宜成更偏向直接與客戶進行接觸：用耳朵聽客戶說的話、用眼睛觀察客戶的表情、用心感受客戶想要呈現的畫面。他深信唯有深入人心才能打造出最適合使用方的空間。

灰色大門曾經有一位客戶這麼說道：「經過設計改造後，我變得很喜歡待在家。」以人為本的設計。在他的世界觀裡，空間不只是地板加

上傢俱這麼單一，透過許多細節的變化能讓整體氛圍煥然一新，並帶給人快樂；這樣的想法不僅是他的理念，也是灰色大門的方針核心。

身為公司合夥人，你必須看得見未來

看見未來乍聽下十分抽象，但卻是非常現實的生存問題，如灰色大門雖小但仍然在逐步朝企業化邁進，縱然室內設計屬於藝術與情感的產物服務，然而身為一間公司仍是赤裸裸的事實，夢想、現實、妥協無時無刻都並存著，在現實上把公司站穩了才能給予每一位業主夢想。給予顧客更好的設計、更符合它們未來生活的家，是一直不能忘記的衷心。該如何轉型與擴大事業體皆是未來面臨的挑戰，目前與合夥人都積極討論往後的經營方針與規模企劃，並仔細檢視目前欠缺、不足的方面，以求突破成長經營。

創業是人生的一項重大抉擇，它的確很美好、誘人，許多滿懷希望的人們一頭栽了進去，最後卻弄得自己滿身瘡痍，所以成功創業的秘笈究竟是什麼？在林宜成身上我們看到的答案是「熱情。」熱愛設計這門產業的他，將這般炙熱的熱忱化為渦輪推動著夢想前進，最後具現為他們的灰色大門。

商業模式圖 BMC

 重要合作

- 設計公司

 **關鍵服務**

- 室內設計
- 老屋翻新
- 建築規劃

 核心資源

- 設計能力
- 業務開發
- 工程能力

 價值主張

- 空間的主角是人，而非空間自身，意旨打造有溫度的空間。

 顧客關係

- 重視互動
- 貼近人心

渠道通路

- 實體據點
- 社群平台

 客戶群體

- 有設計需求者
- 注重美感者
- 在乎居住環境者

成本結構

材料收購、營運費用、水電費用

收益來源

- 設計費用

#C | 創業 TIP 筆記 ✎

- 別讓時間磨損掉自己的勇氣與激情，有夢就去追。

- 沒有絕對正確的選擇，只有適合你的選擇。

#D | 影音專訪 LIVE

灰色大門設計有限公司

(04)2376-6666

https://m.facebook.com/graygate2015/

台中市西區五權路 1-42 巷 14 號

#A

量身打造、將您的家煥然一新！

思銳室內設計有限公司

思銳室內設計
SRAIN INTERIOR DESIGN

陳品宇，思銳室內設計有限公司的設計總監，不安於現狀的他喜歡挑戰，擁有豐富設計經驗的他看中老屋翻新的市場，主要翻修屋齡 20 年以上的透天厝，期許未來以自身經驗開創講堂造福同行的後輩，讓同行可以更團結、有更多交流。

1. 建築參訪學習　　2. 日常監工
3.4. 舉辦講座日常

邊做邊學，多方面嘗試

陳總監學生時期就讀升學高中，跟許多年輕人一樣曾經很徬徨應該要做什麼才好，覺得書讀得再好也沒有什麼意義，甚至覺得讀書很無趣想乾脆休學，後來因緣際會參觀了從事設計產業的朋友家，覺得家裡布置設計得很美，常常有朋友串門子氣氛很溫馨，也萌生了想從事設計的念頭，便在大學時選擇就讀了工業設計系，之後便到了職訓局上課，也在其中認識已經在業界的朋友，利用課餘時間跟在工地監工旁當助理，結束職訓局課程後便進入系統櫃公司，接著從事設計助理從繪製施工圖開始學起，然後轉職到工務助理學工地現場，之後又學當設計師，從設計、現場再到助理、設計師都涉獵了之後，陳總監原本想要放自己一個長假到澳洲去體驗打工度假，結果就接到朋友的請求希望能幫忙設計翻新房子，沒想到需要幫忙的朋友就一個接著一個來，就這樣誤打誤撞創立了自己的工作室，隨著提案的規模愈來愈大，便創立了「思銳室內設計有限公司」。

誤打誤撞，踏進舊屋翻新市場

創業的開始是誤打誤撞、自然而然形成的，這跟陳總監自由而且隨性的個性有關，對什麼方面有興趣就會去學習，剛開始成立工作室是因為身邊很多朋友需要幫忙，但成立一年多後案子就開始逐漸減少，陳總監便想說趁著年輕又有空閒時去學工地管理，在任職工地主任的期間學會如何蓋透天別墅和豪宅，期間也經手了統一集團無印良品和許多連鎖店等的商業空間工程，陳總監認為會蓋新房子就會知道如何翻修舊房子，便從老屋翻修的市場切入，才有後來思銳設計這間公司的生成。

陳總監表示剛開始成立公司時確實有思考過公司的服務重點要著重於毛胚屋、豪宅還是翻修，不過他觀察到中南部的住宅都是以透天厝為主、大樓較少，加上現在的社會型態，因為少子化的關係，許多家庭會把房子留給下一代，房價攀升速度之快，年輕人接手房子後就算賣掉也不一定能買得到新房，而老屋翻修相對來說花費較低、cp 值也高，於是有需求的市場也就愈來愈大，因

1. 高齡住宅專業課程 100 小時
2.3. 舉辦講座日常　　4. 日常監工
5. 40UNDER40 獎盃　　6. 廣州設計周

此思銳設計的客群以自家住宅為主，90% 的客戶需求都是舊屋翻新，且以屋齡 20 年以上的透天厝為主。

錯誤中學習，增加品牌曝光

創業初期，單靠好的作品是不夠的，客戶量不穩定、沒有累積什麼人脈，也不懂如何行銷、如何制定價格、如何跟客戶溝通和跟廠商談判，在懵懵懂懂的情形下，「做中學、學中有錯，再從錯誤中成長」，陳總監只能自己去摸索，也去進修設計管理課程，了解到單靠原本的介紹戶是沒有辦法支持太久的，必須開發新的客戶來源品牌才能生存的久，於是找來攝影師合作，拍攝裝修完成的房屋並投稿自媒體藉此增加曝光度及聲量，由於房屋翻修前後差異大、作品辨識度高，也讓大眾為之驚艷，國內外的媒體平台也會在每次發表新文案的時候爭相來邀稿，也漸漸打響品牌知名度。

朝多元化挑戰、創立講堂提攜後輩

在設計的領域裡永遠都有解不完的難題、學不完的東西，陳總監認為自己是個不安於現狀的人，所以未來想要挑戰不同類型、更多元的空間設計，思銳設計至今的客戶群都以自家住宅的翻新為主，但陳總監在以往的工作裡累積了許多豐富的經驗，所以他也希望未來可以接到自地自建或毛胚屋的提案；另外，從去年開始，陳總監更開始著重於高齡住宅的方面，因為市面上還沒有確切高齡住宅的範例，日常生活中也只有無障礙空間的基礎設計，所以他還特地買了 7 本書來研究，卻發現書上寫的都很淺薄，陳總監便又再買了照護專員的書，從長者進入老年期後身心靈的變化開始了解起，他認為高齡住宅是個很複雜的設計，照護者與被照護者的需求都要兼顧，需要考慮到的層面廣泛，涵蓋科學與社會型態，但市場有很大的需求，也會是將來社會愈來愈關注的議題。

陳總監還自嘲自己是個不務正業的人，所以思銳設計不只做設計還開了講堂，他認為認真做事是為了自己好也為別人好，創立講堂是為了讓同行可以更團結，也有機會交流不同資訊，藉此創造雙贏、甚至三贏，更期許自己的講堂可以變成業界私塾，幫助想要轉行或初出茅廬的社會新鮮人省去在外面補習班的費用，快速接觸產業，攝取更實用的課程。

「資質不重要，重要的是熱情跟態度」，陳總監說道，設計是一個前期需要付出很多、收穫較晚的產業，而且創業跟就業是截然不同的，遇到問題卡關的時候沒有人能幫忙或負責，通通都要靠自己面對，別人的方式不一定能適用在自己身上，所以一定要有熱情才能堅持，最重要的是，要了解自己想要的是什麼，成功是很難定義的，所以不需要用成績去證明，只要做得快樂就是最大的成功。

#B  商業模式圖 BMC

重要合作

- 設計團隊
- 廠商資源

關鍵服務

- 舊屋翻新
- 老屋改造
- 風格設計

核心資源

- 設計及工程能力

價值主張

- 客戶的老舊住宅經過改造設計，成為嶄新的空間，不拘限設計風格。
- 希望除了視覺以外，可以用全身的五感及心靈，來感受空間及生活的美好。

顧客關係

- 客戶看到作品後，主動聯繫

渠道通路

- Facebook
- 報章雜誌投稿
- 電子媒體投稿
- 比賽

客戶群體

- 住宅需要設計或翻新的人

成本結構

人力技術、設計用工具、行銷

收益來源

設計服務費、工程管理利潤

#C | 創業 TIP 筆記 ✏

- 做中學、學中有錯，再從錯誤中成長，創業的過程要靠自己去摸索才能有所體悟。

- 想賺錢不一定要選擇創業，但當你選擇了創業就要有熱情才能堅持長久。

- _____
- _____
- _____
- _____
- _____
- _____
- _____
- _____
- _____

#D | 影音專訪 LIVE 📹

我獨創角業，
UNIKORN
UNIKORN
UNIKORN
UNIKORN

思銳室內設計有限公司

LIVE ▶

0926-955-622

https://www.facebook.com/sraindesign/

台中市龍井區遊園南路 131-1 號 3 樓

生活就是設計，實用美感兼具的裝修設計

肯星室內裝修設計有限公司

肯星 DESIGN

曾濬紳，肯星室內裝修設計公司的總監，因為父親從事窗簾設計的緣故也走上設計這條路，從建築、水電到木工每個環節都難不倒，以設計為出發點整合使用者所有的需求，創造出最懂顧客的「一體化設計」。

從小追逐興趣，確立志向

肯星室內裝修設計公司的曾濬紳總監，父親是做窗簾起家的，而窗簾是居家美學中很重要的一環，也因為父親的關係接觸到許多從事水電、木工、油漆等等室內設計相關產業的前輩，耳濡目染下對於設計也有了基礎的了解，加上從小就很喜歡組合積木、拆解東西，長大後就自然而然選擇就讀建築系，接著攻讀室內設計與軟裝設計研究所，室內設計可以說是曾總監從小開始就想做的事，而這樣的成長背景也為曾總監帶來許多幫助，大學時期曾總監就開始接案，也有許多前輩師傅或朋友鼓勵他開業，甚至介紹客戶跟案子給

他執行，漸漸地，案子規模跟金額愈做愈大，對設計的過程愈來愈上手，口碑也愈做愈好，客戶開始延伸介紹更多的客戶，曾總監也覺得時機成熟便創立了「肯星室內裝修設計」。

融會貫通，一體化設計

設計可以略分為室內設計、軟裝設計、家具設計、燈具設計，但有別於一般的設計師，曾總監認為設計不是只侷限於這些項目，比起「設計」，曾總監更在乎「執行」，從建築的設計到水電、木工他全部都有涉獵，曾總監說到：「你必須要懂得如何做才可以教人做，懂得教人做就必定懂得其中原理」；廣義來說，設計應該就是要懂得將

所有設計串連起來，這同時也是肯星的優勢，他們對所有的設計項目瞭若指掌，而且了解如何將所有設計整合起來，從一開始室內裝修的概念發想後，就開始思考家具的設計，空間的高度、材質和線條都可以延伸到家具的設計，甚至是空間的動線、使用、收納也都考慮在內，以設計為出發點整合所有的事情，並非以局外人的角度，而是以使用者的角度去思考，將使用者環繞其中，創造囊括使用者所有需求的設計，也就是所謂的「一體化設計」。

溝通理解，將感受數據化

曾總監十分用心在經營肯星，幾乎每一個案子他

都記得，而提到最印象深刻的提案，他說道曾經有個義大利的客戶聯繫他並直接給了一筆錢，表示希望可以設計將空間放大一倍，雖然是一大挑戰，但耗時近一年，使用了大量的鏡子、線條和線板去讓空間有延伸的感覺，也成功交出客戶滿意的成果，經過這個案子之後，曾總監也體認到「將感受數據化」的重要性，有時候客戶提出的條件其實很平凡，可能就只是像「想要躺在沙發上看電視看到睡著」這樣的需求，但一句話背後隱藏的數據就是肯星要去做的分析，在客戶的這句話裡設計師就會了解到，他需要的是一張單人沙發、高度要 80 公分以支持脊椎、斜度需要 15 公分才適合躺下、深度需要 70 公分讓腿可以放鬆，「了解、分析、落實」是肯星在執行上的三大主要步驟，了解客戶的需求、分析客戶的條件然後執行設計。

在設計產業裡溝通非常重要，沒有經過溝通的設計就只是一份作品，沒有生命力，曾總監認為溝通雖然不容易但是很有趣，溝通的過程很開心

而且是一種互相成長的體驗，他也提出一個很特別的理論：「每個人擁有 80% 的普遍美感或社會價值觀等客觀想法、剩下 20% 就是個人的主觀想法」，肯星的工作就是用設計師累積的經驗跟數據去分析使用者的主觀想法，他想要的空間適合什麼樣的設計，每個來到肯星的使用者提出的需求都會被整合、分析再去創造。

換位思考，跟客戶當朋友

「設計就是生活」，曾總監喜歡觀察、思考也很懂得生活，他曾在韓國、新加坡、法國、德國、英國等多個國家拿下設計大獎，每每到不同國家曾總監都會去體驗當地的生活，也順勢看看國外的觀點，觀察國外使用的材質和設計元素，並思考適不適合帶回台灣使用，而除了設計師的身分，曾總監也曾經出過兩本關於室內設計及家具設計的書，他認為會有今天的成功是因為他願意挑戰、承擔，而且擁有看得遠的眼光，機會就會自然而然出現，他也很感恩因為父母親的緣故，

使他從小就可以接觸室內設計，父母親及周遭的前輩友人帶來不同的視角，給予許多不一樣的觀點，使他知道如何用不同的角度看待事情，也才可以切出不同的市場，推出有別於一般室內設計、肯星獨有的一體化設計。

而談到創業經驗談，曾總監認為想要在市場生存的久，就必須要有產業獨特性，要創造一個新的需求，客戶才有支持的理由，而且開始創業後可能會得到很多的評論，所以如何讓心態成長也是很重要的課題，而最重要的是要懂得換位思考，把客戶的需求當成自己的去思考，如果沒有站在客戶的角度想，必然不知道對方想要什麼。

「你願不願意跟我當朋友？」是曾總監在接觸每個客戶時的第一句話，他跟客戶互相尊重，也把客戶當朋友，把客戶的想法放在心裡設身處地為對方著想，他希望的是在十年、二十年，甚至更久之後，客戶依然會因為當初設計了這個空間而感到開心且值得。

#B 商業模式圖 BMC

 重要合作

- 設計團隊

 關鍵服務

- 室內設計
- 軟裝設計
- 家具設計

 核心資源

- 針對客戶需求一體化設計

 價值主張

- 幫客戶規劃、依照客戶需求將所有設計整合起來。

 顧客關係

- 客戶主動提案

渠道通路

- 官網

 客戶群體

- 需要裝潢空間的人
- 需要設計家具的人
- 空間需要老舊翻新的人

 成本結構

人力技術、設計用工具、行銷

 收益來源

幫客戶做設計或裝修費用

#C 創業 TIP 筆記 ✏️

- 將感受數據化是設計師很厲害的能力，你只要說出希望的條件，設計師就可換算成設計公式去量身打造適合的產品。

- 換位思考很重要，懂得設身處地為對方著想會更能理解對方的需求。

- _____

- _____

- _____

- _____

- _____

- _____

- _____

- _____

#D 影音專訪 LIVE 📹

肯星室內裝修設計有限公司

(04)2463-0665

https://www.kensing-design.cn/

台中市西屯區福順路 227 巷 1 號

以人出發的設計，打造如沐春光的空間感

沐光寓室內裝修有限公司

簡佩宸，沐光寓室內裝修有限公司總監。建築出身的佩宸對室內設計一直懷有嚮往，在周邊朋友的鼓勵與個人考量的催化下，她與先生創辦了沐光寓室內裝修有限公司，以「陽光、愛、溫暖」為設計理念，並將作品融合自然元素以展示現代美學。

1. 設計成品 2
2. 設計成品 3
3. 設計成品 4
4. 設計成品 5（大城梧桐）

作父母的一切都是為了小孩

佩宸於學生時期主修建築科系，建築是一門橫跨工程、藝術與技術的綜合應用學科，涉略理論基礎結構，同時亦要兼顧人文思想與美學的價值，更要思考使用者的基本心理與功能需求，相較其他學科複雜許多，也是在這樣的密集、高壓的環境下，佩宸於就學期間內她培養出許多與她未來創業相關的技能，即使那時候的她並沒有過創建自有品牌的想法。

畢業後的她進入室內設計業，原因是她發現比起高聳宏偉的建築，自己更喜歡住宅、餐廳、這些目光所及的美好，擁有建築背景的佩宸在室內設計這行如魚得水，工作數年後的她慢慢累積了自己的客源並建立起口碑，一切看似平穩，然而結婚生子後，佩宸心裡的隱憂漸漸加深。

「孩子的童年只有一次耶，我要這樣錯過嗎？」

室內設計工作雖然待遇優渥，代價卻是早出晚歸的生活作息，每天拖著疲憊不堪的身軀回家，有時回到家後還得熬夜趕設計圖；夜幕昏黃的空間、一盞微弱的燈光、角落的廢紙；若是自己還單身，會將這樣的生活視為一種充實，然而，現在的她已經是一位母親，她對於自己的忙碌感到愧疚。孩子日漸成長，自己卻總是因為工作走不開身，沉重的愧疚感壓得她幾乎喘不過氣。在小孩升國小那年，她作出攸關畢生的重要決定──創業──她認為創業是現況的最佳解，除了能照著自己想法工作，重要的是她能騰出更多空檔陪伴孩子。

開始便沒打算放棄，關關難過關關過

2018 年，佩宸與先生一同創立公司，將其命名為沐光寓室內裝修，名字靈感取材於聖經《創世紀》1-3 ──神說：「要有光，就有光」──佩宸希望透過「自然融入空間」的設計理念帶給每個客人溫和如沐的感受。沐光寓業務範圍相當廣泛，除了一般的室內設計，同時也提供舊屋翻新、客製化的服務；沐光寓核心價值為──貼近人心，以人為主──設計技術固然重要，但佩宸認為人才是最大關鍵，空間的中心並非物件，而是生命；

1. 負責人 Davie　　2. 監工
3. 工作照　　4. 設計成品 6（大城梧桐）
5. 設計成品 7（大城梧桐）　6. 設計成品 1（文心森林）

佩宸亦將這份堅持深深紮根於企業教育訓練，她深信唯有公司上下一心、享有同樣的理念與堅持，才能塑造出強大的企業文化與事業體。

沐光寓創業初期於業務開發端上遭逢許多困難，在許多人眼中，沐光寓只是新創設計公司這片繁若星辰中一顆微不足道的矮星，對於一面倒的不看好，沐光寓的同仁們並沒有選擇退卻，憑藉對設計的熱枕，全體職員日以繼夜的跑業務、推廣品牌、設定成交目標…，用盡各種方法帶動公司壯大，沐光寓立志成為設計業中最閃亮的超新星！

歷經萬難，沐光寓日趨穩定，一路走來得到許多客戶的肯定與正向回饋，如今已成為許多民眾心目中的設計首選。

嘔心瀝血，忠實呈現顧客的夢之屋

台灣房價長年居高不下，擁有屬於自己的家對許多社會人士來說是遙不可及的夢想；許多人可能窮盡一生、拼死拼活才換來一間房子，為此她認為不論要耗費多少時間、精力、甚至成本，只要能夠滿足消費者的期待，沐光寓都會義無反顧地為此肝腦塗地；佩宸對這份理念有著不可退讓的堅持。即使這樣的品牌理念背後是數不盡的血與汗，但顧客們的笑容仍然是沐光寓最大的前行動力。

「好的設計、好的感受、好的交流。」

佩宸認為一個成功的設計，是能夠在使用者間建立連結，舒適的空間應該帶給人舒適的心情，使人放下心防更願意與周遭的人進行互動；因此除了機能上的考量，佩宸在「使用體驗」亦下足苦心，她希望在空間上營造出大自然般地通透感，消費者能完全沉浸於空間內的氛圍、毫無束縛、回歸自我。

除此之外，沐光寓亦相當注重永續議題，於綠建築領域投注不少心力，希望能以一己之力幫助我們所處的地球；沐光寓一律採購單價較高的環保材料進行設計，公司表示寧可多一點成本，也不願無謂傷害人類所生存的美麗地球。

目前沐光寓積極擴編中，佩宸表示希望能招募到與團隊擁有一致理念的人，她一步一腳印地走到了現在，但真正的北極星怎麼會只有在台灣發亮呢？佩宸期許未來沐光寓能於國際舞台中發光發熱，成為台灣另一個經濟奇蹟。

開業一瞬間，創業一輩子

即便佩宸擁有一身設計專才，創業後仍遇到許多她想都沒想過的難題，佩宸依然選擇於塵土中起身，重新站穩步伐繼續拐著腳跛足前行，正是這份堅持成就了今天的沐光寓！開始總是最簡單的一步，只要有資金、有勇氣，每個人都可以創業，真正的考驗是開業後接踵而來的一切：如營運開銷、行銷開發、產品與市場需求間的衝突…，每位創業者們一路走來皆是步步為營，於不間斷的挫敗中才慢慢找到適合自己的節奏與經營模式。

#B 商業模式圖 BMC

重要合作

- 技工團隊

關鍵服務

- 室內設計
- 老屋翻新
- 系統規劃
- 軟件搭配
- 客製化服務

核心資源
- 多年設計實務經驗
- 採用環保材料

價值主張

- 提供良好設計成品，秉持專業，滿足客戶需求，同時追求企業與環境永續。

顧客關係
- 共同創造
- 互相信任

渠道通路

- 實體據點
- 社群平台

客戶群體

- 有設計需求族群
- 企業主
- 自有住宅屋主族群

成本結構

營運成本、人事開銷、材料採購、水電支出

收益來源

設計費用

#C | 創業 TIP 筆記 ✍

- 困難是無可避免的，找出問題、解決問題。

- 思考清楚為創業自己願意犧牲什麼，並擁有強烈覺悟。

- _____

- _____

- _____

- _____

- _____

- _____

- _____

- _____

#D | 影音專訪 LIVE 📹

沐光寓室內裝修有限公司

0988-083-993

https://reurl.cc/ldM11Q

台中市潭子區得才街 130 號

#A

空間因設計而美好

水設空間室內設計工坊

水設
Shuei-Interior
Design Studio
空間室內設計

水設空間室內設計工坊的總監李淳暐從小就非常喜歡繪圖，也曾經在牆上畫畫被大人責備，從小對於美及設計他就有自己的追求，也受到父親在木工專業上的熱忱影響，讓李總監走上室內設計產業並深深影響著他日後的作品，從小他就嚮往能夠將腦袋裡想像的空間親手實現。

1. 粉色牆面讓生活加入夢幻
2. 客廳設計溫馨浪漫，大片落地窗保留室內外的交流
3. 莫蘭迪粉色與白色碰撞出浪漫又唯美的氛圍
4. 客廳與書房用玻璃隔間製造通透感

從小家中的環境都是與藝術、美感為伍，父親是木工雕刻師傅，因此對於木頭這個素材，李總監有獨特的運用方法也更加熟悉，在創業前於系統家具十年左右的經驗累積，讓他有足夠的市場經驗，將所有累積實踐在水設空間室內設計工坊中，珍貴優質的原木做為許多設計案件的核心，再加上對於系統家具的理解，這些都成了水設空間室內設計工坊的最大優勢和獨特風格。

用心打造，健康無毒的自然美感空間

水設空間室內設計工坊很棒的文化及信念，在於他們對設計的理念。為了讓每一個業主能在健康的環境中生活，水設空間室內設計工坊致力推廣綠建築的概念，也實際落實到工程中，將自然的概念延伸至建材，嚴選無毒環保的板材，原料採用高硬度針葉木，經過高溫煮沸除蟲害後塑合而成，板材完全純天然不含甲醛等揮發物質，徹底實落「無毒之家」的理念，而淘汰的板材掩埋土壤中三個月即可自然分解，保護自然環境不受汙染，這是水設空間室內設計工坊揀選建材的堅持，也是對環境的守護。

「家也可以很自然」，李總監的堅持，待在家中就如身在森林裡度假，符合業主的需求並且讓業主對家有不同的感受和想像，讓家擁有最簡單美好的環境，透過天然原木與環保板材的結合，巧妙地融入各樣的風格，客製化的系統家具，能夠為業主量身打造符合家中應用需求，以人為本的設計，讓空間隨兼具實用與美感，創造出方便又溫馨的家居空間。

走入鄉間，用專業創造最真誠的溫暖

李總監除了對於設計的熱情，也重視環保與人文關懷，身為中華民國資源媒合互聯協會理事，帶著水設空間室內設計工坊團隊一起推廣參與「送愛到邊緣」扶助專案，因為某些緣故突發事故、意外，生活變故，種種因素未達低收入戶標準，無法領取政府補助的族群，協助社會邊緣戶學生就學的相關救助。

時常去偏鄉地區協助當地建設，協助貧戶改善生

1. 客房與書房的功能性房間，有通透感確保有足夠隱私
2. 如同飯店般的設計，在家也能享受空間帶來的美好
3. 足夠的收納空間，讓空間整潔舒適，好看兼具功能性
4. 客廳與廚房延伸，整體感強烈，加強家庭連結的感受

活或是協助清寒的學生有更好的讀書資源，學校營養午餐、以及學生學費提供部分補助，通勤交通補助，甚至是協助建立圖書館。結案後用剩或是拆卸下來完好的建材、門窗，或是桌子、椅子還可使用的家具，也會捐助給需要的家庭或學校，除了社福也落實永續環保不浪費的精神。

獨居長者的環境也不盡完善，幫助他們更換棉被、熱水器等等，這些對李總監而言都是要事，他每年都會透過室內設計專業協助，更能夠精準的改善調整生活上的問題。李總監關注社福議題，僅僅只是「看到了」，並且期許自己伸手可及都去盡力，透過行動去影響到身邊的人，尤其室內設計同業，李總監認為看到有人因為自己的付出有更好的生活，是比賺錢更有成就感的事情，這也是為何李總監會努力擴展事業的其中一個理由。

不只獨善其身，影響身邊的人一起改變

水設空間室內設計工坊從創立以來，三年設立了兩間分店，之後更以一年一間分店的速度展店，為了提供更全面的服務，讓服務過的業主或是未來的業主們至分店更加便利，以及在社會公益上做更多的付出，李總監也將在台灣各地繼續展店，堅持專業品質也發揮自己對社會的影響力。

除了社會公益，李總監也希望更多從教育面向去協助社會環境變得更好，要脫貧，要經過教育，學習的過程可以瞭解自己能創造的價值。學生會是未來社會的中流砥柱，在少子化的時代國家競爭力會越來越弱。李總監希望能夠讓學生可以根據自己的特質發揮自己的特長，讓他們發揮自己的價值「做自己能做的事情」，李總監希望盡量讓更多人在乎社會上不容易被注意到的角落。

拓展國外業務，讓自己的競爭力越來越好，進口各國特殊且具質感的家具，讓室內設計有更多的變化和發揮空間。水設空間室內設計工坊也期許自己未來可以全面的進步。

而對於創業，李總監認為有想法都是好事，但有些心態要先準備好，對專業的累積，對資金周轉的概念，以及自己可能要付出時間和心力，知道自己需要面對與承擔的問題，準備好心態那就勇敢的試試看吧！

主臥，設計低調奢華

#B  商業模式圖 BMC

 重要合作

- 系統櫃廠商
- 各類工班

關鍵服務

- 室內設計
- 商業設計

 核心資源

- 室內設計專業
- 系統家具市場的經驗
- 木材加工工廠

 價值主張

- 透過無毒環保的建材,幫助業主擁有最健康舒適符合需求的空間,也能落實永續環保。

 顧客關係

- 共同建立

 渠道通路

- 設計裝潢平台
- 官網
- 臉書

 客戶群體

- 家庭
- 生意人

成本結構

裝修建材、設計人力、耗材、工程費用

收益來源

- 案件收入

#C | 創業 TIP 筆記 ✏️

- 好的信念讓事業更有溫度，增加附加價值，讓客戶滿意超出期待。

- 做出自己的特色，建立屬於自己的品牌印象。

- _____
- _____
- _____
- _____
- _____
- _____
- _____
- _____
- _____

#D | 影音專訪 LIVE 📹

BMC（範例）

重要合作

- 合夥協議
- 強力聯盟
- AdSense 廣告系統平台
- 其他平台與製作人

關鍵服務

- 提供新興產品
- 投注多元區域
- 革新搜尋演算法

核心資源

- IT 基礎建設
- 研發投資

價值主張

- 免費搜尋引擎
- 免費工具、應運程式
- 為企業製作文字向廣告
- 內容貨幣化

顧客關係

- 協助企業
- 拓展 AdWords 網路
- 注重資安隱私

渠道通路

- 全球銷售
- Google 合作夥伴

客戶群體

- 網路用戶
- 代理商
- 行銷人員
- 商業機構
- AdSense 網路會員

成本結構

數據中心開銷、流量獲取成本、研發支出、行銷費用

收益來源

Google 廣告網路、Google 投注

其餘收入
（應用程式、程式內購買商品、Google Pay、Google 雲端、硬體）

我創業，我獨角（練習）

設計用於 _____　　設計人 _____　　日期 _____　　版本 _____

重要合作	關鍵服務	價值主張	顧客關係	客戶群體

核心資源

渠道通路

成本結構

收益來源

Chapter 4

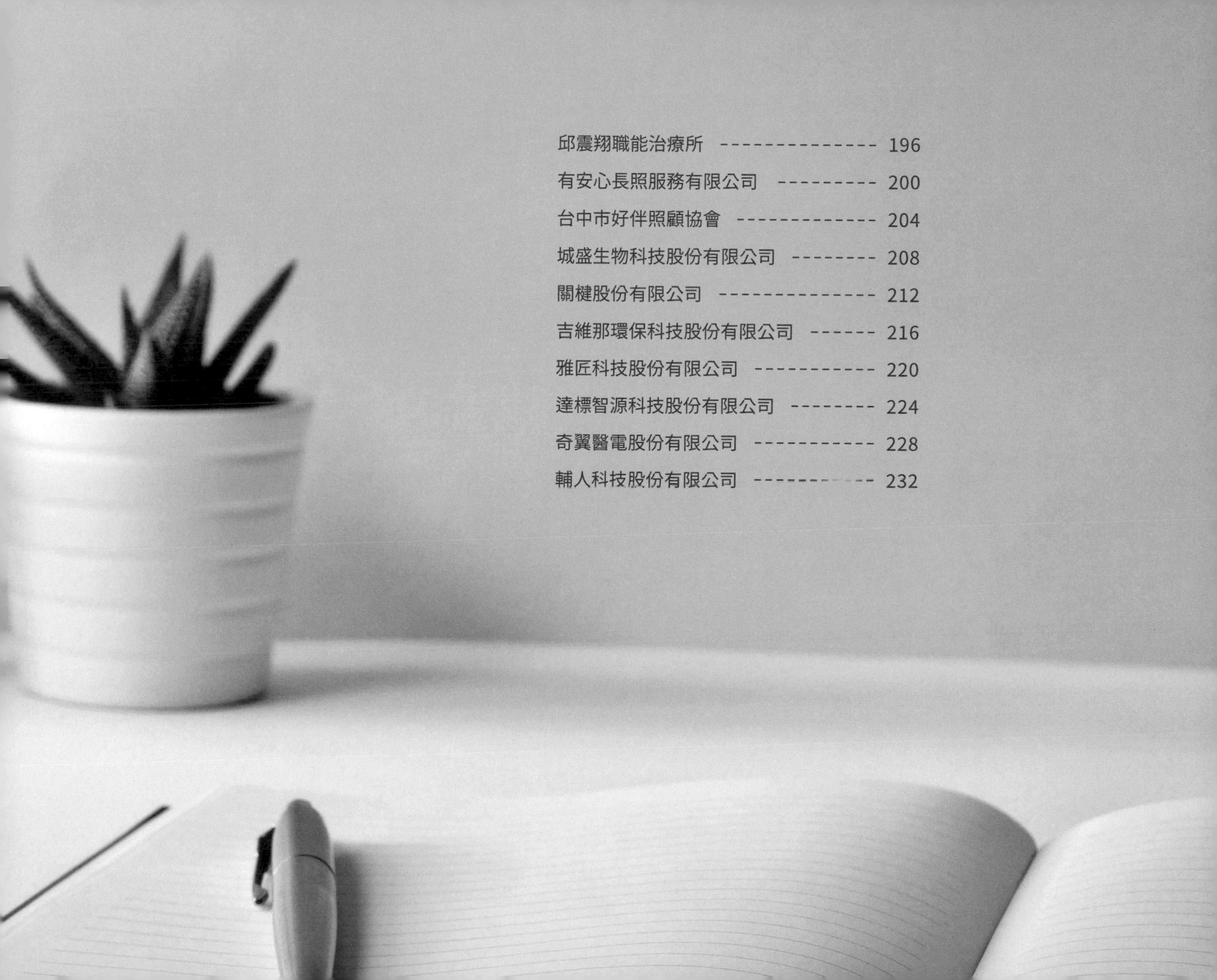

#A

OT 邱震翔

邱震翔職能治療所

好還要更好、讓善循環的居家復能

近年來，老年人口的增長使得長照一直是許多家庭會面臨到的問題，面對家中失能的長輩，現代人大多偏向於將長輩送進安養中心、或是聘請看護在家照顧，不過這些高成本的做法並不見得每個家庭都能夠負擔得起，職能治療系出身的邱震翔執行長看到了這個問題，便拿出自己在醫院所學，創立「邱震翔職能治療所」。

1. 每月例行會議與在職教育
2. 所內長照團隊
3. 深入鄰里推廣基礎復能概念與推廣長照
4. 巷弄長照站－聖誕節活動

意外翻轉人生、堅定夢想目標

為個案設計復能計畫，並透過執行復能協助個案傷後回歸社會、找回原有的生活能力；但其實學生時期的邱執行長原本是個只愛玩不愛讀書的孩子，因為一場突如其來的意外車禍住進加護病房，所幸昏迷兩天之後沒有留下任何的後遺症，不過這也猶如當頭棒喝驚醒了邱執行長，認為既然老天讓他撿回了一命就應該更加地努力，於是便回歸校園繼續升學，也因為在實習中遇到許多同樣也因為意外受傷的個案，這些案主在進行復能時勇敢且樂觀的態度大大鼓舞了邱執行長，更讓他堅定了想成為專業職能治療師的夢想。

勇於吃苦、毅然決然投入創業

從結束實習到投入職場，創業一直是邱執行長最想做的事，為了堅定自己的意志，在面臨兵役問題時，邱執行長不顧家人反對、毅然決然地投入海軍陸戰隊的儀隊，他認為如果可以先嚐這些苦頭，那之後的苦都能轉化成甜的，也因為這樣的信念培養出邱執行長充滿正能量且不怕苦的精神；除此之外，邱執行長也認為團結力量大，只有一個人沒有辦法再協助更多需要幫助的個案，需要組織團隊來執行，再加上，長輩雖然到醫院可以使用到完善的器材設備執行復能，但回到家中就不知道如何執行復能了，也正好政府推動長照 2.0 相關政策，提倡「居家復能、在地老化」，便順勢創立了「邱震翔職能治療所」，執行到府一對一的居家復能，幫助失能的長輩可以直接在家中應用現有的道具執行復能，不需要在家和醫院之間奔波，除了進行教學也會開出合適的復能菜單，平時家屬也可以從旁協助長輩復能，進度的幅度也相對的大。

1. 居家復能－治療師指導長輩利用拐杖執行安全又有效的運動
2. 居家復能－請爺爺手寫象棋上的文字於紙上後，利用紙上象棋和爺爺玩比大小。
3. 治療所開幕－個案阿嬤特地前來給予祝福
4. 受邀至東海大學高齡健康與運動科學學程，向下一代年輕人分享未來長照發展及其重要性
5. 治療所開幕－個案弟弟表示願意為所長站台並表演一段舞蹈

用心經營、從不喊苦

要跨出創業的第一步很不容易，除了放棄原本在居家護理所穩定的工作跟收入之外，還選擇了就讀研究所進修，心理的壓力也跟著排山倒海的來，再加上出社會累積經驗的時間並不久，有時也會面臨到家屬的質疑或政府的政策改變，職能治療所的品牌知名度也還不高，要找到願意投資的資方也就難上加難；不過邱執行長一向堅持以同理心待人，對於每個個案經營都用心良苦，不論個案的家距離地點多遠，從不抱怨車程距離、也不會挑選個案性質，來者不拒從不喊苦，把每個長輩都當成自己的家人真心對待，他堅信他做的這些事不僅是服務長輩，也能大大提升他的評價及成績，也因此累積了許多人脈，不僅遇到志同道合的夥伴，也有貴人的大力支持及經驗談分享。

將心比心、讓善循環

「善良是會循環的」是邱執行長一直想灌輸給員工的信念，他認為在做長照產業中，同理心是最重要的，善待別人將來才能也被同樣地善待，熱愛看球類比賽的邱執行長也把

自己形容成選手，要提升自己的身價和品牌好感度就要懂得投資自己，不斷的進修、精進自己，才能把自己的品牌打得更響亮，對於教育員工也毫不吝嗇，除了會聆聽員工的意見之外，也會栽培訓練員工，他認為機構中所有同仁都要能夠一起進步，公司才能夠一起成長；邱執行長也用自身經驗勉勵有創業夢的年輕人，不要害怕跨出第一步，也不要害怕面對問題，有問題才是好事情，也才能學習解決問題的技能，最重要的是「不要為了賺錢而創業」，要選擇做自己覺得對而且真正喜歡的產業去做，保持對這份產業的熱愛才是真正能走長久之計。

巷弄長照站－手作新年糖果提籃

#B  商業模式圖 BMC

 重要合作

- 以往累積的客戶人脈
- 同行業的互助合作

關鍵服務

- 提供居家復能、居家服務、長照諮詢、輔具評估

 核心資源

- 職能治療師和個案管理師提供諮詢及規劃

 價值主張

- 協助個案應用家中現有的道具執行復能回復原有的生活能力、提供居家照顧服務減輕照顧者負擔、培養長照人才。

 顧客關係

- 衛生局派案至治療所、客戶主動到治療所諮詢、職能治療師到客戶家中執行居家復能、照服員到個案家中執行居家照顧服務

渠道通路

- 和衛生局長特約成立長照據點、舉辦講座和課程、鄰里宣導、進入校園

 客戶群體

- 需用長照服務的人
- 需要復能的人
- 需要購買輔具但不知道如何選購的人
- 需要延緩老化的人

成本結構

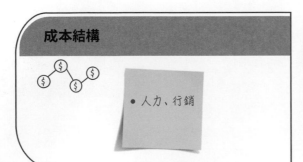

- 人力、行銷

收益來源

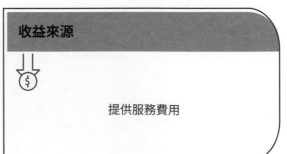

提供服務費用

#C | 創業 TIP
筆記 ✎

- 好好做好當下應該做的事，這些事情都會成為將來的養分來回報你。

- 想要怎麼被對待，就要如何去對待人，善良的對待別人，對方一定能感受得到你的善意。

-
-
-
-
-
-
-
-

#D | 影音專訪 LIVE

有安心長照服務有限公司

高齡化社會來臨，你真的準備好了嗎？

黃鈺婷，有安心長照服務有限公司執行長，在高齡化與少子化雙面夾攻的社會下看見長照需求，集結志同道合的夥伴想為現行社會做出實體貢獻，於 2019 年 3 月份取得台中市政府衛生局特約資格後，於台中市大肚區設立長照複合型服務中心—B 級單位，主要以推動居家照顧服務、居家喘息與社工服務業務為主。108 至 109 年間陸續於大肚區與沙鹿區辦理 C 級巷弄長照站，朝全方位長照服務前進。

1. C 據點課程照　　2. 員工在職訓練
3. C 據點課程合照　　4. 員工合照

人口結構老化—暗伏的危機

近十年來，隨著醫療技術與生活品質大幅提升，人類平均餘命不斷延長，看似進步的背後實則潛藏燃眉之急；以往政府為禮遇年長者，紛紛祭出許多長者獨享方案（例老人年金、醫療補助等）然而，隨著平均餘命延長，相關福利支出成本遽增，政府與納稅者壓力日漸沉重，非長者族群必須更積極賺取金錢供家中的長者花用或支付照護機構。見此高齡趨勢發展，黃執行長同為三明治世代感同身受，希望能奉獻所學盡一份力量。

長照政策推動初期照護產業裡存在許多病灶，如照護品質不一、政策方向模糊、專業人力不足等…社工背景出身的黃執行長，因此決定投入長照服務，希望能夠提升整體照顧品質，透過培育專業人才減輕照顧者壓力，讓長者能在地安老，家屬也能獲得喘息空間，打造在地化社區照顧服務系統。

創業之際，不忘自己的理想

創業初期黃執行長提到遇上的第一道關卡，便是人力招募，因為單位坐落於台中市較為偏鄉的大肚區，受人才外流影響，當地能招募到的人力極為有限，惟偏鄉地區照顧需求更為迫切。即使努力從市區延攬相關專業人才投入當地，最終仍得面臨「留才不易」的窘境。面臨人力緊縮的危機，她並沒有選擇放棄，在最艱困的時期不忘提醒自己「助人」的初衷，她靠著這份堅定的信仰撐了下來。

用心打造社區照顧，不容怠慢的呵護

「有安心，照顧最放心」點出有安心公司照顧理念，希望個案或家屬的需求都能充分被滿足，並能放心地將有照顧需求的族群交給「有安心」照護。台灣目前有許多八十歲甚至百歲的長者們並

1. C 據點課程照　　　2. C 據點活動合照
3. 員工在職訓練　　　4. 沙鹿服務處外觀照　　　5. 員工合照

未獲得適當的照顧，傳統觀念下只關心長者們的生理狀態卻忽略心理狀態的健康，事實上長輩長期待在家中只會加速機能退化。有安心除了 B 級單位服務外，亦積極投入長照 C 級單位佈建，辦理健康促進、社區參與、共餐服務與預防延緩等課程，希望能提供健康、亞健康與失能長者們全方面的呵護，達到身、心、靈三方面之提升。

政府所提出的長照計畫 2.0 中，將其分為 A 級單位 (社區整合型服務中心) B 級單位 (複合型服務中心) C 級單位 (巷弄長照站) 三種單位提供不同需求的照護服務，「有安心長照服務」以 B、C 級單位為起點，朝向 A 級單位建構。目前有安心已在台中市有三處實體服務處，未來計畫以海線為主逐步往全台中市區拓展，希望能透過實體中心拓點更即時地回應客戶需求，以及落實組織管理，工作人員能夠安心地於在地進行服務，並秉持「看得到、找得到、用得到」的精神；有安心長照力求「好品質、好服務、好安心」的理念便是能夠一路成功走到現在的關鍵。

力跟時代變化，不許專業脫軌

雖說長照是一塊市場大餅，但卻不是人人都嚥的下；身處世代變遷的洪流下，知識、技術不停更迭，長照領域亦同，為跟上主流趨勢，黃執行長時常進修補充新知，隨時觀察國內、外最新動向；除了自身進修，她亦將整個團隊視為一個群體，非常看重公司職員的內部訓練，她認為唯有整個企業不斷提升，才能不被時代所淘汰。她鼓勵所

有欲往長照領域創業的新企業家們，除了具備熱忱外，相關專業知能更是必要基石，以利面對日新月異長照政策變化。

另外，長照領域的金流成本相當大，且因時常需與政府配合政策，雖補助項目等的款項已較長照 1.0 時期縮短放款時間，但仍需預備一定資金，以避免補助款延宕影響公司整體現金流運作。

堅持、堅持、堅持，每當創業家分享自己的經歷總會提到這兩個字，然而堅持的核心究竟是什麼呢？黃執行長因為對信仰與「利他」精神的堅持，有些創業者或許是每一次的「再撐一下。」又或許是每次轉念的瞬間，又或許是對夢想的期待。每個人創業的初衷以及堅持走下去的動力皆不相同，所以所謂的核心組成內容必定也有著或大或小，即便在看這篇文章的你／妳只是極為單純的為「金錢」而前進也無妨，只要目標明確並能以此為燃料繼續往前邁步，都是好的信念、值得肯定的信念。

C 據點長輩合照

#B 商業模式圖 BMC

 重要合作

- 學校實習 合作配合

 **關鍵服務**

- 居家服務
- 喘息服務
- 巷弄長照站

 核心資源

- 豐富領域經驗
- 政府合作

價值主張

- 希望來體驗服務的顧客能夠真正安下心來，年長者能夠靜心休養，其他家庭成員能夠放心專心個人工作。

 顧客關係

- 客戶至上
- 全面照護

渠道通路

- 實體據點
- 官方網站
- 社群平台

 客戶群體

- 年長族群
- 家中有需要照顧族群

 成本結構

設備成本、進修費用、營運成本

 收益來源

政府補助款、案家自費款

#C | 創業 TIP
筆記

- 堅持自己的理念，無所畏懼的往前。

- 找到屬於自己的信仰，讚頌它、服從它。

- _____

- _____

- _____

- _____

- _____

- _____

- _____

- _____

- _____

#D | 影音專訪 LIVE

有安心長照服務有限公司

LIVE ▶

(04)2699-0150　粉專:@ht82842472

http://www.yubest.com.tw/

台中市大肚區沙田路二段 590-15 號

#A

為長者創造有尊嚴、舒適的環境

台中市好伴照顧協會

GOOD 台中市
好伴照顧協會
Good Care Association of Taichung City

台中市好伴照顧協會的創辦人之一楊東憲主任，過去在政治大學就讀宗教研究所，出社會以後第一份工作於公務機關當約聘人員，第二份則在靈鷲山佛教基金會就業，接著於中華民國紅十字會總會服務，這幾段經歷是主要奠定楊東憲成立好伴照顧協會的契機，而這一連串的每個事件點，都是讓他走到現在這個位置不可或缺的關鍵。

1. 109 年成果展暨揮毫春聯活動　2. 團體課程 - 太鼓樂活
3. 團體課程 - 同心協力　4. 團體課程 - 藝術真美麗

社區、宗教、政策與社會福利

楊東憲從小因父親為寺廟負責人，對傳統文化、民俗推廣等領域非常感興趣，其課業告一段落到投入職場期間，正巧遇上父親在寺廟經營上的轉型想法，希望改善一般傳統寺廟的營運系統，使之加以制度化，並使整體狀況可以升級步入新軌道。由於楊東憲所學及就業經驗與之相關，且了解鄰里與地方關係特別，因此決定協助父親將寺廟轉制成為財團法人，讓社會福利及宗教的連結更加深刻。

寺廟的慈善資源主要挹注於兒少與長者的部分，前者有「拜觀音求子」的儀式，後者則有「重陽敬老金」的活動。由於寺廟主祀觀世音菩薩，改制成董事會後就試著與政府單位合作，連結生育補助的款項：若在寺廟中有報名參與求子儀式，並在期間內順利受孕、生產，除了可以領取政府單位的補助外，亦可從寺廟再申領一筆補助金。

楊東憲理解對於台灣文化而言，宗教是個密不可分的元素，其對許多鄉親而言有很大的影響力，也因有相當的地方資源投入，所以能強烈聚集人群的能量，並透過與政府的合作整合資源，致力於慈善事業及加強社會福利。因此，除了上述所提及寺廟慈善資源的「重陽敬老金」之外，楊東憲也期望未來可以透過對宗教慈善事業面向的熟悉與瞭解，連結社會福利及公務部門的資源，建立在地化及社區化的養老村。然而，在規劃養老村之前，他需要更多的社會資源以及累積自己的經歷。

在專案中累積自己，投入真正在乎的事業

在協助父親寺廟的轉制過程中，因為許多必要的處理程序認識到不少市府長官，事情告一段落後，楊東憲先後進入民政局及社會局擔任局長秘書。秘書等於是團隊的行政幕僚端，而人生中許多經驗和能力也都是從這些職位上去累積養成的。

真正接觸到長期照顧服務，是在社會局擔任秘書時，認識二位最重要的合作夥伴，一位是當

1. 地中海風建築物　　　2. 團體課程 - 芳療筋絡舒活
3. 團體課程 - 跟著長者踏青去　4. 開幕邀請山陽國小太鼓隊表演
5. 臺中市好伴照顧協會 - 大肚青春會館開幕囉

時也在社會局擔任機要秘書的廖健凱執行長，另一位則是童庭社會福利慈善事業基金會葉裕明執行長。過去葉執行長要成立好伴照顧協會時，就由在社會局的楊東憲協助輔導成立，並將葉執行長對於新協會以關懷和深度照顧長者為目標的

想法，轉介紹給廖執行長認識。三人在此契機下進一步認識後，發現未來想從事長期照顧的想法不謀而合，也因葉執行長已有經營養護型機構及社會福利型（以退休族群、活化長者為主）機構的經驗，故讓三人的想法與目標可以快速地落實與執行。

成立台中市好伴照顧協會之後，為了解決長者生病前段的照顧，推廣預防醫學的概念，協會的經營方向則落在必須讓在長者在患病臥床之前，加強他們的認知訓練及肢體訓練、改善生活習慣和環境，並維持身心機能順利運作，避免太過快速地退化，進而提升長者退休後至患病前的生活品質。

楊東憲也為了台中市好伴照顧協會而開始重新學習，精進於長期照顧服務方面的專業，並預計再進修社工學分，因此在社會局的工作告一段落後，便正式進入長照產業，與葉裕明、廖健凱一起為理想而打拼。

他們三位都是烏日人，卻在大肚區成立長期照顧中心，這是起因於地方上長照資源分布不均。他們從數據資料瞭解到大肚區鄰近的烏日區長照資源就相對較多，而另一鄰居龍井區的據點發展也比大肚區快速，故三人皆認為要做就從最難也最有需求的地方著手。因此，最後將協會定址在大肚區，並且成立大肚區長期照顧機構。他們認為長期照顧服務最重要的還是落於「在地老化」，不要讓長者們離開他們熟悉的地方，維持他們原有的生活圈，而這樣的模式也能讓親屬關係緊密

連結，才不至於讓長者們面臨老化的同時，還得承擔被自己孩子遺棄的壓力。

營造快樂的學習互動環境

為了達成上述理想的目標，他們調整了過去日照中心固定的照護模式，將多元的課程排入每日生活中，積極推動各種不同種類的活動，像是引進加賀谷音樂療法、精油芳療、園藝、陶笛、太鼓等等，營造成社區大學的感受與概念。在長者照護上，更重視與尊重長者的個人意願，讓他們自由選擇、自動學習新事物，使在退休或老年化的過程中，還保有持續成長與社會連結的空間。

台中市好伴照顧協會聘請各行各業的專業講師，一方面讓照服員學習講師們如何與長者互動及專業授課，另一方面也加入更多外部資源的刺激。這樣的課程安排與操作方向，不僅提供一個讓長者、講師、照服員三方可以相互交流的環境，亦使長者們在這樣的環境裡，生活得更加自在、更有尊嚴，也更能夠感受生命的意義與價值。

然而，外聘講師有成本較高的問題，以及不能確定是否會有如他們所想的效果，故曾經在決策上搖擺不定，更遇到周轉金準備不足的問題。一路上走來三人積極調整營運操作方向，股東亦全力支持所有的決策，才讓三人更義無反顧地往前衝。當看到家屬願意認同並讚美，而長者於照顧場域笑得燦爛、活得開心，甚至回饋喜歡來這裡上課時，他們便確信自己的想法是對的，亦使他們更有信心，也期望協會未來可以成為當地資源整合中心。

#B  商業模式圖 BMC

 重要合作

- 外部課程講師
- 政府單位

關鍵服務

- 長照服務申請
- 照顧服務
- 交通接送服務
- 社區據點
- 居家服務

 核心資源

- 臨床醫療、長期照護相關背景的人、里鄰長、社區地方人士

 價值主張

- 提供友善長者的場域，並協助他們維持機能健康，及心情愉悅、家屬無法照顧長者時的協助。

顧客關係

- 互相協助

渠道通路

- 臉書社群
- 政府單位
- 傳統媒體

客戶群體

- 家中長輩無法自行看顧者
- 期待有更多社交和學習的長者

成本結構

課程外聘講師、硬體設備、固定水電租金成本

收益來源

政府補助、長者收容

#C | 創業 TIP
筆記

- 運用過去擁有的資源，整合達成自己的目標。

- 尋找彼此能夠互補的夥伴共同協作，達到最大綜效。

#D | 影音專訪 LIVE

Startup Island

我獨
創角
業，
UNIKORN
UNIKORN
UNIKORN
UNI ORN

台中市好伴照顧協會
大肚青春會館

(04)2699-0551

https://www.facebook.com/caregood/

臺中市臺中市大肚區大肚里紙廠路 53 號

城盛生物科技股份有限公司

你眼裡的垃圾，是我的黃金

黃大川，城盛生物科技股份有限公司總經理與其太太余碧娟，

兩人結識後意外發現雙方都有美容行業相關經驗，當時正逢經

濟大蕭條時代，黃大川與余碧娟決心以創業拼出一條血路，城

盛生技公司奉「以可食用原物料製作產品」之信條運行，同時

重視生態與發展間的平衡，將採取實際行動愛護地球視為己任。

動盪的年代，有什麼是自己可以掌握的？

訪談開始前，黃大川先是帶著苦笑分享一段過往。時逢全球景氣大幅跌宕，當時還相當年輕的他在一間工廠上了三個月的班，最後老闆竟只扔下：「經營不善」四個大字，便讓黃大川捲鋪蓋走人，前前後後只拿到半個月薪水的他暗自下定決心：「與其在他人底下像顆棋子遭人擺佈，乾脆自己闖出一片天！」黃大川用力捏了捏手裡微薄的薪水袋，抱著這樣的信念大步踱出工廠。

被問及為何要以生技公司作為創業方向，黃大川答：「一切都是湊巧。」與余碧娟相遇相愛

成了城盛生物科技起步的一大契機，兩人皆曾經手美容、美體產品的經銷與代理業務，更重要的是，談及創業兩人信念不謀而合——「我要賣自己能夠安心使用的產品。」兩人便合力創立了城盛生技。

迷惘的創業摸黑期，藉著信仰看見光亮

創業初期一切並不如預期順利，生技產業競爭激烈，對於如何於人才雲集的市場擠出重圍，黃大川與余碧娟想破了頭還是沒有任何想法；然而，他們儘管灰心喪氣仍未選擇放棄。兩人的伯樂終是出現——信仰。夫妻倆皆為虔誠道教徒，

定期的祭祀讓他們有幸與宗師結下善緣，正值撞牆期的夫妻倆人向宗師尋求幫助與建議，宗師聽及淡淡吐出四字：「天然、自然。」輕輕的話落在倆人耳中猶如驚雷，可謂一語驚醒夢醒人，在師傅箴言引導下，他們終於知道自己該朝哪個方向前去。

城盛生物開始以天然原物料為主題開發相關身體用品，在許多生化技術，兩人最後選擇以「酵素」作為產品媒介，原因相當溫馨，他們解釋酵素無論於體內或體外皆達到卓越的環保效果，提煉過程造成的汙染極低，生產廢料甚至能做為肥料二次使用，兩人皆表示「不希望為製造產品傷害這片土地。」

堅持做對的事情，靜待撥雲見日

你可能不知道的是，酵素在製程上需要相當高的技術成分，如何保護酵素裡的活菌不被高溫破壞，並完好的呈現出理想的效果，便是兩人遇到的第一道難題。欲作出品質良好的酵素「溫度、比例、環境」三要素缺一不可，為了找出最適合的量產工法，夫妻倆日以繼夜地嘗試，然而一桶又一桶報廢的酵素似乎嘲弄著黃大川與余碧娟的努力，越疊越高的廢料背後是龐大的成本壓力、還有兩人沉重的心情；但這一切並沒有打倒城盛，黃大川與余碧娟找上產學合作的專業講師，希望能藉由其經驗帶動滯礙的研發過程，然而一開始講師便直白地坦露：「很難，不，應該說是不可能！」兩人齊聲回：「一定可以的！麻煩你了！」講師拗不過堅定的兩人，跟著一頭栽進漫無天日的不可能任務；最

終，皇天不負苦心人，研發企劃終於成功。

然而，好不容易生產出產品，第二個困難卻馬上接踵而來。如前所述，城盛科技主要生產項目是以天然原物料為底的再製品，如以水果酵素再製的沐浴劑、洗面乳等，然而早期台灣社會對於天然產品的觀感並不友善，由於天然產品在本質上便與化學製品有根本上的不同，無論質地、味道、或使用感受皆與一般大眾印象有所出入。「老實說，一開始我們販售的產品在大眾眼裡跟垃圾無異。」余碧娟直白吐出事實，黃大川在一旁補述：「但這城盛來說是珍貴的寶物，我們相信時間會證明價值。」

幾年過去，城盛眼裡的價值成功了嗎？

答案是：沒錯。大眾發現天然成分的再製品即便初期使用上有些難適應，但隨著使用時間拉長，顧客確切感受到了身體的改變；皮膚改善、身體變得輕盈、臉上透出自然光亮；城盛所聲

稱的效果透過時間的累積一一體現在使用者身上，而這一切都得歸功於他們沒有選擇理會那些否定的聲音，自始至終，他們都堅信自己在做對的事情。

創業真的不如想像中美好，請做好準備

問及創業建議，黃大川與一般企業家不同，他並沒有積極鼓勵青年創業，相反地，黃大川少見的收起笑意，嚴肅地緩緩道：「創業真的很辛苦，你會遇到所有意想不到的情況，成本、收益、競爭對手所帶來的壓力都會逼得你喘不過氣。」或許是意識到自身語氣稍嫌沉重，稍作停頓後，他緩開皺起的眉頭補述：「但如果開始做了，就堅持到底吧！」黃大川與余碧娟創辦的城盛一路踩著顛簸不平的坑巴走到現在，除了倚靠商品本身價值，倆位創辦人堅拔不忍的毅力更是功不可沒。

 商業模式圖 BMC

 重要合作

- 國內對外大型物流商
- 產學合作講師
- 道學宗師

 **關鍵服務**

- 天然製產品販售

 核心資源

- 自種天然原物料
- 高端酵素技術
- 美容背景經驗

 價值主張

- 販賣製造端亦樂於使用之產品，希望提供給顧客安心、安全的消費體驗，提倡永續、環保經營理念。

 顧客關係

- 互信互惠

渠道通路

- 實體店鋪
- 電子商家
- 社群媒體

 客戶群體

- 養生族群
- 追求自然成分族群

 成本結構

產品研發、原物料、講師教授、營運成本

收益來源

- 產品收益

#C | 創業 TIP 筆記 ✏

- 透過發想創造產品獨特性，與其他同業作出明顯區隔。

- 找到支撐自身創業的信仰，聽從內心的聲音。

- _____

- _____

- _____

- _____

- _____

- _____

- _____

- _____

- _____

#D | 影音專訪 LIVE 📹

城盛生物科技股份有限公司

(04)2265-3115

http://www.beautycity.com.tw/

台中市南區美村路二段 181 號 5 樓之 2

關楗股份有限公司

大數據時代來臨，你真的準備好了嗎？

KeyXentic Inc.

洪伯岳，關楗股份有限公司執行長。身為資安專家，洪伯岳深知在數位時代下，個人資料與隱私有多麼容易遭人盜竊，為保護、守護人們最基本的安全需求，洪伯岳創辦關楗，以專業技術為客戶打造堅實壁壘，讓人們能夠無慮、自在地傳播資訊。

1. 辦公室
2. 資安大會產品導覽
3. 員工旅遊
4. 國際獎項

打造你的專屬鑰匙，隱私安全一把罩

談起創業的動機，關楗股份有限公司執行長洪伯岳的回答是：「學以致用。」

當時年輕就讀碩士的他正處於世界的分際線——電子化時代之下，攻讀密碼學的洪伯岳一心投入了資安領域，直至 2014 年世界又迎來另一波改革；美國前情報局資料分析師史諾登 (Edward Snowden) 揭發政府非法監聽及軟件侵犯個資之事實，這無疑是在數據化萌芽時期下投下一顆巨大未爆彈。但亦是自這時起

人們開始擔心起「資訊安全」，並漸漸重視起數位資產的價值，洪伯岳看準了時機，在 2017 年毅然決然創立公司「關楗」研發資安相關產品，希望能打造出簡單安全的隱私防護裝置，引用洪伯岳的話來說便是：「一把輕巧、實用的客製鑰匙。」

關上你的個資大門，企業主最佳守門員

「關楗」公司其命名十分特別，它並非是以現代意義—攸關大局的重大時刻表徵公司形象，相反地，它回溯至詞語最初的由來；關楗，

代表著門閂，也就是舊時人們鎖上大門的那道木栓。洪伯岳說道：「關楗想成為的是站在資訊安全的第一線人員，即時守護客戶寶貴的資料。」

於現今網路世代下，各式資訊儲存方式推陳出新，然而最終皆不免落於大數據搜集時代下的餌料，你並不會得知自己的資料於何時、何地被讀取甚至是竊取，身為資安專家的洪伯岳熟知這些不廣為人知的事實。即使目前許多業主使用資安系統保護自家公司資料，但仍難以避免資訊洩密的情況發生，為此，關楗推出「獨家金鑰」這項裝置，透過該產品所有資訊將自

1. 與總統講解產品　　2. 產品照
3. 金融業論壇講座　　4. 資安大會與總統合影

動加密，並必須透過同時使用「網路」、「實體鑰匙」兩者方可解鎖，即便目前關楗的主要客戶以企業為主，洪伯岳仍表明希望未來能夠透過改良使商品能於坊間流通。

一路栽了數不盡的坑，才開了自己的花

初次創業的洪伯岳馬上就遇到一道難題，於專門領域畢業的他，對跑業務可以說是一竅不通，一開始的他只是單純地以技術面講解產品，卻發現客戶對他的產品與口中的服務並不買單，客戶對他口中的專業詞彙非但沒有產生共鳴，更多的只有質疑與不信任。

「我真的有需要這個東西嗎？」

為此，洪伯岳訓練起自己的口條並改變行銷方式，同時亦不斷改善產品，終於開始打開品牌知名度，除了得到蘋果隱私安全驗證以外，產品線亦開始外銷至東南亞各地。

關楗一路走來並不容易，即使執行長是軟體出身的專業人士，要將所學知識注入實體商品並生產，卻是一項實打實的挑戰。或許你會問，

那又是什麼，讓洪伯岳堅持下來呢？他笑答：「熱情、回饋」在資安領域打滾數十年，洪伯岳仍保有那份少有未被創業艱辛所消磨的熱情；終於，這份努力有了實質回報，關楗商品使用率逐步提升，顧客回饋亦向正成長，見證這一切洪伯岳終於能夠放下心中的大石，往下一階段邁進。

目前關楗正在積極開發其他產品，未來也有異業聯盟的計畫，洪伯岳期許關楗成為台灣的另一個驕傲，目前市場上光靠硬體商品其實很難獲取利潤，因此關楗賣的是「服務」藉由販售「資訊安全」建立品牌鑑識度、亦能開拓合作通路、藉此推動與其他企業間的互動互助。

想好再開始，開始就要走到最後

關楗一路走來，能從不被認可到今日的亮眼成績，創業家總是咬牙撐過不被理解的孤單，度過無數個難熬的漫漫長夜，在那些還沒有人知曉他們是誰、自己在作什麼之前的那些日子，他們誰也不是，只是「某個人」只是「某個為世界做些什麼的人」。

#B  商業模式圖 BMC

 重要合作

- 異業聯盟

關鍵服務
- 隱私保密
- 資安維護

 核心資源
- 獨家金鑰設計
- 專業知識 & 技能

 價值主張
- 滿足客人隱私需求，當資安壁壘下的門閘。
- 販售「服務」而非單項產品。

 顧客關係
- 絕對防禦
- 吸收回饋

 渠道通路
- 實體據點
- 官方網站

 客戶群體
- 網路使用者
- 架有網絡系統企業主
- 注重個資、隱私族群

成本結構

研發成本、營運費用、人事薪資

 收益來源

產品販售、售後服務

#C 創業 TIP 筆記 ✍

- 研發出符合時代需求並能受惠他人的產品為創業一大關鍵。

- 耐得住寂寞、苦痛，才享得了結開的果。

#D 影音專訪 LIVE 📹

關楗股份有限公司

https://www.keyxentic.com/index.html

#A

吉維那環保科技股份有限公司

環保第一，保障你我的健康

1. 2019 台灣國際飯店設備展　　2. 廠內 QC 品檢
3. 商業廚房智慧環保節能系統整合　　4. 2020 台灣精品得獎機

廖品源，吉維那環保科技股份有限公司的董事長，帶著造紙及塑膠機械製造廠的多年經驗創立公司，並從原本的設計公司轉型成開發公司，品牌站穩台灣市場並與許多大企業合作，以環保為出發點，渴望成為全民環保與健康的守護者。

熱愛研究設備，燃起設計夢

吉維那環保科技股份有限公司的廖品源董事長，從小就對設備工具很有興趣，玩具、腳踏車壞掉了也喜歡自己研究修理，之後也因為家庭因素在高工機工科半工半讀，除了學習課本上的理論也比同儕更早認識職場環境，還接觸到模具設計跟製造，更實際到紡織廠學做組裝，畢業後便進入造紙、塑膠機械製造廠就業，從原料、製程到各種產品設備兼具，從頭開始學起焊接、組裝到研發室，歷經了六年的磨練，在邊做邊學的過程中，廖董也發現自己其實比起制式化的生產，更喜歡深入研究、設計創新，便萌生了自己創業的念頭。

二次創業，公司成功轉型

其實創辦吉維那已經是廖董第二次創業了，吉維那的前身是同樣是一間設備設計公司，初創時期，案子種類繁多且遍布全台各地，主要解決客戶在設備設計上的疑難雜症，採接案的方式合作，或是直接進駐提案公司的方式，這種客製化的合作方式得到客戶良好的回饋，廖董的團隊不但年輕、設計速度又快，設計圖很貼近客戶的想法和需求，在組裝和實際操作上的問題也很少，隨著接案數量的累積，也學到各種行業在設計設備上的精髓，成長速度也大幅提升；但漸漸地，廖董覺得一直幫別人設計並不是長久之計，因緣

際會下發現家庭用洗碗機的市場，當時洗碗機還不普遍，只有在百貨公司裡才有專櫃販賣，再深入研究後發現，家庭用洗碗機都是制式化生產，成本跟資本額接近重工業，於是又再實地拜訪餐廳內場，發現大部分的餐廳依然是用人工洗碗，就算使用洗碗機也都是從歐美進口居多，於是便鎖定了這個目標市場，將公司轉型成現在的吉維那，全力研究開發洗碗機。

有過設計公司多年的經驗，第一代洗碗機的原型在半年內就成功產出了，在廖董完美主義的堅持下，洗碗機的功能完善，且完全改善了歐美洗碗機的缺點，但推出後卻叫好不叫座，因為多樣的

1. 容易拆卸噴棒易清洗
2. 獨特視窗,隨時可知洗籃狀況
3. 中心洗碗廠
4. 隱形眼鏡高科技設備及電子業 Tray 盤清洗
5. 2018 大台中企業志工服務
6. 2019 亞太循環經濟論

功能使得造價太高,許多客戶雖給予高度評價卻不願意購買,於是廖董便順勢推出了租賃的方案,先將機器租出使用藉此打開知名度、站穩市場;隨著吉維那的品牌愈來愈響亮,廖董更開拓了周邊市場,看準了工廠都大量使用免洗碗筷,但免洗餐具含有多氯聯苯和螢光增白劑等的有害物質,便提出合作方案,用低廉的價格提供工廠碗筷及送洗餐具,或是駐點式的洗碗廠,提供客戶從機器設備到耗材一條龍的服務。

退出大陸市場,公司停滯不前

站穩台灣的市場後,廖董也擴張海外據點,進駐中國上海設廠,但是中國大量的人口導致市場也相對擁擠,相同行業也如同雨後春筍般竄起,業者品質參差不齊,有些小型業者為了降低成本也不注重衛生問題,甚至有不良業者削價競爭,堅持品質的廖董考量成本問題,為了緩衝損失決定退出中國市場,但也引起許多的股東大力反彈,廖董便在奔波中國和台灣之間來回奔波,並自掏腰包買回股份,吉維那也因此停滯了三到四年;所幸吉維那在台灣已站穩腳步,早已與許多集團企業合作,像是鴻海精密、廣達電腦、德州儀器等的大型企業,連衛生福利部都大力讚賞吉維那的品牌,雖然吉維那暫時進入短暫的停滯期,但廖董也認為「有捨才有得」,堅持住就能重新開始。

永續經營,為地球盡一份心力

走過低潮,廖董始終認為環保科技是個很迷人的產業,只要有人聚集的地方就是客戶群所在,小至家庭、餐廳、工廠;大至集團企業、國際活動都是服務對象,重生後的吉維那也不斷的推陳出新,持續研發新穎多樣的設備,像是跟統一企業合作設計生產洗籃機,連高難度的隱形眼鏡清洗機也都成功研發上市;近年來,更隨著環保意識抬頭,廖董也想為地球盡一份心力,所以吉維那在研發上更著重於節能,「安全、乾淨、衛生、無毒、環保」是公司五大訴求,新推出的節能機更是可以省下 20 到 30% 的水量,希望未來設備可以達到「什麼都洗」的目標,期許工廠零件或是超商紙杯都可以經過清洗、回收再利用,降低垃圾量,順勢帶起循環經濟;如今,吉維那已經成功地打響知名度,廖董也對自己的品牌很有自信,但他仍謙虛的將成就歸功於父母親,他很感謝父母訓練出他獨立的個性,讓他從小就懂得思考、勇於嘗試,在經歷挫折波瀾後,廖董也語重心長的建議創業者,創業跟就業是截然不同的,最重要的就是要慎重、有耐心跟決心,謹慎評估眼前要投入的行業是否有市場性,過程中也要計劃未來趨勢及走向,不要輕易半途而廢,才不會曇花一現。

#B 商業模式圖 BMC

重要合作

- 鴻海精密
- 廣達電腦
- 長庚醫院

關鍵服務

- 洗碗機
- 洗籃機
- 洗桶機
- 隱形眼鏡清洗機

核心資源

- 設計、維修技術

價值主張

- 以環保為出發點，為減少免洗餐具之濫用，保護地球的資源做努力，並追求餐飲衛生品質之提昇，以確保全民環保與健康。

顧客關係

- 共同創造
- 長期合作
- 提供線上客服

渠道通路

- 接案或進駐合作公司、官網

客戶群體

- 餐飲業
- 校園
- 醫院
- 美食街
- 工廠

成本結構

技術開發、檢驗、行銷

收益來源

設備租賃或賣出收益

#C | 創業 TIP 筆記 ✏

- 科技始於人性，設備日新月異，洗淨機也愈來愈多樣化。

- 創業要深思熟慮，未來導向跟市場需求都要謹慎評估。

- _____

- _____

- _____

- _____

- _____

- _____

- _____

- _____

#D | 影音專訪 LIVE 📹

吉維那環保科技股份有限公司

(04)2492-9593

http://www.g-winner.com/

台中市大里區西湖路 189 號

#A

匠人精神、用科技改變未來

雅匠科技股份有限公司

蔡明勳（James），雅匠科技股份有限公司的 CEO，曾任鴻海
及工研院的工程師，帶著對 AR 及 VR 的創新想法創立公司，幫
助客戶讓技術實際應用在企業經營上，並將公司觸角延伸到日本
市場，渴望用科技改變未來，讓科技可以更生活化。

1.2. 雅匠科技員工
3. VR Content 4. AR vTuber

生活與科技密不可分

隨著科技日新月異，現代人的生活也愈來愈仰賴科技、也愈來愈喜愛追求新的科技產品，可以說是生活與科技形影不離，但開發一項新技術或產品並不容易且成本十分高，許多小企業或公司並無法負擔，雅匠科技股份有限公司的 CEO 蔡明勳（James）便看準了這個市場，工程師出身的他曾經任職於鴻海及工研院，對於軟體工程有許多創新的點子，也對 AR、VR 相關的產品開發有濃厚的興趣，便決定創立屬於自己的科技公司，並將公司命名為「雅匠科技股份有限公司」，期許自己工作的團隊能夠秉持著匠人精神，對於軟體產業能夠重視並且做到最好。

虛擬產品新上市、創造市場雙贏

科技產品也許聽起來很炫且遙不可及，但雅匠科技會貼近合作客戶的需求，盡可能的去幫助客戶讓產品能被實際應用在生意或行銷上，讓消費者和業者之間達到雙贏，像是與「大學眼鏡」合作推出虛擬眼鏡試戴，提供消費者在家就可以挑選眼鏡的服務，不需要親自外出至門市，而且可以挑選許多副眼鏡試戴直到覺得適合為止；又或者在彩妝品專櫃通常都是一對一進行服務，萬一有許多顧客同時上門，等待櫃姐試妝的時間就會很久，於是雅匠科技便與「資生堂」合作推出的虛擬美妝試妝，提供當季彩妝透過 AR 直接在消費者臉上試妝，既便利又可以節省時間，業者也能

藉此了解消費族群的喜好，可以提供明年度公司進貨或生產參考。

針對中小型零售業者，雅匠科技也推出了 AR smile 情緒辨識產品，可以提供做客戶名單蒐集，消費者只要透過掃 QR code 的方式，用微笑給店家的產品或服務打分數，便可以得到優惠或回饋，業者也能藉此了解消費者在消費的過程中是否滿意、情緒是否良好，也可以知道消費族群的平均年齡、性別、喜好及行為分析，這些數據資訊在往後企業要推出新產品時也可以提供參考；除了適用在商圈及企業之外，虛擬產品也被應用在工廠訓練上，許多工廠較資深的技術員年事已屆退休，但年輕員工的流動率又高，年輕人力的

1. 雅匠科技員工
2.3. smile
4.5. 手勢

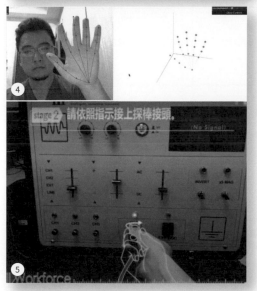

外流造成斷層，工廠技術也無法傳承下去，然而影像處理可以偵測技術員的手部動作並記錄下來，兩者不需要面對面教學也可以透過影像處理學習技術。虛擬產品不僅可以有效解決工廠人力不足的問題，同時也是市場中消費者和業者在選擇產品上很重要的依據。

拓展國際市場、員工磨合不易

創業初期，James 底下的員工數不多，接案數量也還不穩定，又因為國外的外包商時間不固定加上時差，常常日夜顛倒、睡眠不足，不同國籍的員工在管理上也是一大挑戰，不過 James 常和員工發想新的想法，員工之間透過討論和意見交流，並將想法商品化實際開發成新產品，透過合作減少員工之間的磨合；另外，也將市場據點移至與台灣時差較少的國家，例如香港、新加坡、日本負責企業開發；印度則負責開發 app 及網站軟體，隨著公司規模的成長、愈來愈多員工的加入，工作量及市場也日益穩定。

跳脫傳統、用科技改變未來

雅匠科技至今已經創立五年多了，在台灣也已經擁有品牌知名度，而 James 也認為日本擁有更多的資源，也會是往後連結更多國家很好的跳板，所以除了原本台灣及日本市場重點穩定發展之外，事業版圖也拓展到日本的東京、福岡及沖繩等城市，不但與日本最大的電信商、系統整合公司合作，也切入電力廠區域，更與日本政府聯手合作

smart city，期許未來可以在日本當地擴編、並運用當地日本人才，更希望可以將規模拓展到韓國市場，「用科技改變未來」是 James 當初創業的期許，也是公司的理念，希望跳脫傳統讓科技可以更生活化，而不是只被應用在大企業；研發虛擬產品雖然是個新興產業，但 James 提醒想走這條路的年輕人，絕對要深思熟慮，絕對不能衝動行事，在台灣創業的成本十分高，失敗機率也高，他也建議可以尋找志同道合的夥伴或是專家共同合作創業，因為科技產業是條辛苦的道路，並不是單靠技術便能成功的，所謂的創業五心法：「產銷人發財」，顧名思義，技術、市場、客戶及財務管理這些要素缺一不可，必須面面俱到，創業者需要了解所有事情，尤其現在市場變化快速，要保持著一直學習的心、不要自滿，才不會因為來不及應變而前功盡棄。

AR Hair mackup

#B | 商業模式圖 BMC

重要合作

- 大學眼鏡
- 資生堂
- 工廠
- 中小型零售業
- 日本 smart city
- 日本電信商
- 日本系統整合公司

關鍵服務

- AR smile
- 虛擬眼鏡試戴
- 虛擬美妝試妝

核心資源

- AR、VR 相關產品設計開發

價值主張

- 根據客戶需求研發設計 AR、VR 相關產品以解決企業問題。

顧客關係

- 主動提案合作

渠道通路

- 官網、企業開發

客戶群體

- 合作研發技術產品收益

成本結構

技術開發、行銷

收益來源

合作研發技術產品收益

#C 創業 TIP
筆記 ✐

- 虛擬產品十分多元化，從眼鏡、彩妝品到工廠，都可以研發出客製化的產品。

- 開創科技產業公司不容易，不只要擁有技術，還有要許多新奇的點子才可以開發新產品。

- _____
- _____
- _____
- _____
- _____
- _____
- _____
- _____

#D 影音專訪 LIVE

Startup Island

我獨
創角
業，

UNIKORN
UNIKORN
UNIKORN
UNIKORN

雅匠科技股份有限公司

•LIVE ▶

(06)703-5755

https://www.yajantech.com.tw/

台南市永康區中華路 12 號 8 樓之 2

#A

達標智源科技股份有限公司

不要再說科技冷漠！連結人心的數位設備

江文杰，達標智源科技股份有限公司執行長。年過半百的他已是第二次創業，第一次的創業失敗並未澆熄江文杰內心如日中天的火炬，滿腹熱情的他做足準備後勇敢開始第二次創業人生。

達標智源於 2019 年成立，推出市面第一台全景數位設備，打破以往人們對攝影器材的想像，成功一鳴驚人。

1. 2. Rogy360 全景直播相機
3. 企業團照　4. 企業商品與創辦人

最燦爛的花火，最刺骨的寒冬

年輕時的江文杰滿腔熱血，一心想闖蕩出自己的名堂，比起受雇於他人之下，他更想在親上前線拋頭顱灑熱血，於是年輕的他很快地決定要創業。第一次創業的過程其實不算曲折，江文杰主打貼牌產品，在優良的產品與服務加乘之下，他很快便累積不少客量，並透過客戶群間的回饋不斷擴大事業規模，他的公司在短短數年內便紮穩根基，且以驚人的速度持續成長，儘管成果豐碩，江文杰並沒有恃寵而驕，他對企業的用心不減反增，這一做便是十六年。

十六年間江文杰服務過無數的客戶，公司於業界也獲得一面倒的好評，他的人生可以說是奇蹟似

的一帆風順，原本想再過個幾年便退休的江文杰在一次突來的噩耗下碎了養老夢：一名客戶的惡意倒帳幾近掏空公司資產，眼看著自己十來年的心血結晶逐步走向毀滅，江文杰內心有錯愕、憤怒、悲傷各種複雜的情緒交織，他不明白自己經營多年的事業體，怎麼會突然就被逼上末路？江文杰盡全力採取補救措施希望能挽回自己的企業，然而隨著深入瞭解狀況，他心知肚明：「這間公司已經不行了。」為了不繼續虧損以及拖累還有家室的職員們，最後江文杰忍痛選擇關閉。

我想證明我做的事情是有價值的！

公司倒閉後，江文杰渾渾噩噩地過了一段日子，

然而無論他再怎麼努力，仍然無法接受自己的企業一夕倒閉的事實。「明明產品跟服務都很好…到底是哪裡做錯了？」這是江文杰當時最常詰問自己的問題。在他內心深處堅信著自己所創造出來的產品具有價值，對於失敗的結果縱使心有不甘，江文杰仍一次都沒有放棄過這個想法，年輕那份對於理想的熱情在他體內蠢蠢欲動，江文杰決定重新出發，這次的他，還是要創業！

達標智源於 2019 年成立，主要產品項目為「Rogy360 全景直播相機」，江文杰第二次創業仍以攝影設備相關領域出發，他看中直播產業這塊大餅，決定以開發別家企業沒有的「直播全景」做為痛點切入市場。360 度全景直播相機可於相機內部直接進行即時拼接，能夠省掉許多

1. GlobalHack
2. Rogy360 全景直播相機
3. 企業商品與創辦人
4. 創辦人照片
5. 創業之星

後製編輯時間,更不用提它更是第一個全景型態的直播攝影配備,主打操作介面方便、快速且不需額外接線手機或電腦即可直播上傳分享於 Facebook 或 YouTube,集多功能於一身的 Rogy 一推出馬上便在業界引起話題,消費者更是相當樂於買單。

5G、VR(虛擬實境)、AR(擴充實境)的世代翻轉即將來臨,社群模組肯定會迎來爆炸性的變化:圖檔、影片、直播等媒體數據將更大規模的流通於世界各地,達標智源推出的攝像設備趕上趨勢需求,因此甫成立不久,達標智源已打出自己的名堂,目前也已與許多異業進行合作聯盟。

熱愛國家,心懷榮耀

台灣企業長年遭詬病欠缺競爭力,江文杰卻不這麼認為,他相信只要提供對的舞台,台灣便能發揮出應有的實力,終有一天走向國際。達標智源的產品全是在地研發,這與以往本土電子業有很大的不同,縱然台灣電子業享譽國際,但大多都是國外代工貼牌很少台灣自有品牌,江文杰見此想改變現有環境,由自身開始,江文杰鼓勵各大企業於本土進行產品開發與生產,長久之下,必能重振台灣經濟雄風,角逐國際市場,同時他也建議政府團隊應該給更多新創企業機會,唯有新舊產業鏈相互碰撞、影響,產業結構才得以重生。就如同第一次創業失敗的他,將以往的經驗與新穎的創意結合,才能如同鳳凰涅槃般浴火重生。

科技與人性應該相輔相成

江文杰表示雖然公司賣的產品是軟體平台及硬體設備,但其核心實為「連結人性的工具」人們常抱怨科技使人冷漠,江文杰卻有著截然不同的想法,他認為真正的科技應該能讓人們之間擁有更好的交流品質,拿 Rogy 來說,人們能藉由它以更寬廣的視角看我們所處的世界,並能更容易將自己所想、所見之事記錄下來並分享給周遭的人,透過這樣人與人之間可以產生更多共鳴,感同他人的身受。這樣的產品路線設定與江文杰當初的設計理念——"connect people/world in 360"——完美契合。提供新興社群體驗是達標智源的企業使命,也是江文杰開發產品的初衷,而事實證明:他,做到了!過往的失敗並沒有將之擊潰,他挺而起身越挫越勇,現在的江文杰仍滿懷一顆炙熱的心,未來也會抱持這份激情帶領團隊與公司勇往直前。

中華電信 5G 加速器競賽 Top3

#B | 商業模式圖 BMC

重要合作
- 中華電信全景影像應用領域

關鍵服務
- 360 度全景直播攝影設備

核心資源
- 研發團隊
- 全景拼接技術
- 創業經驗

價值主張
- 透過新穎的科技設備，打通人心之間年久失修的渠道。

顧客關係
- 提供多元視角
- 重建生活觀

渠道通路
- 電商通路
- 官網購物車

客戶群體
- 企業用戶活動直播
- 家庭用戶派對直播
- 年輕族群
- 直播主
- 經常使用社群媒體族群
- 攝影領域愛好者

成本結構
營運成本、研發費用、人事支出、生產設備、行銷費用

收益來源
- 銷售產品

#C | 創業 TIP 筆記 ✐

- 你的視野由你掌握。

- 失敗的經驗是綻放的養分。

- _____
- _____
- _____
- _____
- _____
- _____
- _____
- _____
- _____

#D | 影音專訪 LIVE 📷

達標智源科技股份有限公司

• LIVE ▶

(02)2696-1069

新北市汐止區新台五路 1 段 106 號 21F

#A

奇翼醫電股份有限公司

創造無限可能性，插上夢想的翅膀

singular wings
奇翼醫電股份有限公司

李維中（David），「奇翼醫電股份有限公司」的創辦人暨總經理，渴望從自身出發，讓台灣的智慧醫療技術站上世界舞台。David 透過內在探索，迎向各種挑戰，期待奇翼醫電能創造出好的成果、回饋給社會。

1. 2019 荷蘭烏特勒支大學醫學院　　2. 2019 赫爾辛基亮點芬蘭獎
3. 2020 一月 CES 與美國合作夥伴　　4. 202091 捷克企業代表

不遵循任何已知規則，發揮所長創新商機

過度的資訊爆炸、忙碌的社會與生活，往往會讓人忽略自己的本心，半導體及顯示器的產業打滾已二十多年，David 原本可以繼續做他擅長的事，但他仍然懷抱著熱血精神，選擇在中年創業，他認為台灣的電子及資通訊產業十分發達，醫療技術也是國際上數一數二，David 希望可以找出其中的痛點，利用自身專長及資源，將台灣的電子產業與醫療技術結合，做以前做不到的事、甚至事沒有做過的事。他所創立的奇翼醫電，目標就是成為解決問題方案的提供者，結合硬體、演算法、雲端設計，到實體線下醫療服務進行價值串聯極大化。

而醫療器材可以略分成幾個不同的領域：其一是看的到也摸的到的手術器械，另外一種則是醫療設備，像是電腦斷層（ＣＴ）、核磁共振（ＭＲＩ）等較大型的落地式或桌上型設備等等；但術業有專攻，David 清楚目前公司的規模不夠大，不足以去發展那些類型的產品，所以選擇研發穿戴式醫療裝置，有低敏貼片、胸帶或智慧衣多種形式，結合運動科學生理及醫療技術，收集使用者的基本生理資訊，將生理指數轉換成平易近人的指標。David 的團隊打破以往醫療器材既定的運作模式，透過設計輕巧的模組，以及特殊裝置結構，使用藍牙作為資料傳輸的介面，即時呈現生理訊號，打造出全新面貌的智慧醫療器材。

由於特殊設計的硬體裝置可以收集多重生理訊號，尤其是心電圖，對於致命的心血管疾病，可以成為重要的「吹哨者」，當身體有不尋常的變化，在發病前即可發出警訊通知，系統便會廣播將資訊發布給預先設定的緊急聯絡人或主治醫生，可適用於醫院中心、獨居的人、或大樓保全的管理單位，有效避免緊急狀況的發生。這個目前世界上最小但功能卻最多的裝置，可以緊密的固定在人體上不脫落，亦能方便取下充電，達成日常生理監控卻不影響生活的模式，David 希望透過這樣的設計服務達成降低整體社會成本、造福人類，讓人們更長壽，減少遺憾發生。

相信就會看見，懷抱同個夢想便能實現

憶起創業過程，一切依舊銘心刻骨，所有新創公司可能面臨到的挫折，David 全都歷經過，員工

1. 20191229 SEMI 演講
2. 20191010 荷蘭烏特勒支市 Rapid Health Program 培訓計畫
3. 20191122 芬蘭 Slush
4. 科技部 BEST 計畫與科技部次長
5. 20200915 科技部演講

間意見不合、研發技術遇上撞牆期、資金用盡、投資人臨時變卦等等，儘管苦多於甘，但眼看著成功就在面前，David 說什麼也要咬緊牙關撐下去，無形中產生的巨大壓力更是有苦說不清，憶起最難忘的故事，約莫兩年前 David 在一次的驗證合作機會上，意外監測到該團隊中有位成員，他的心電圖出現異常，David 將結果告知對方單位，後來才得知該成員的健康檢查報告確實顯現心臟有問題，若繼續在高壓的環境中工作可能隨時都會倒下，雖然只是一個微不足道的小事，但因為奇翼醫電的研發與堅持而拯救了一位年輕人，研發成果也受到認可，這對 David 來說無非是最大的鼓勵。

David 還提到，有次奇翼醫電受邀與捷克來訪代表面對面，並在台上對代表團展示奇翼醫電的研發，會後有位捷克來女士找上 David，並眼中帶淚、激動地對他說到：「你的東西，就是我在尋找的事情」，原來這位捷克女士的先生先前獨自在家時不幸因心臟疾病過世，種種的反饋，也讓 David 更確信他一直以來的堅持是對的。

實踐內心的渴望，把夢想做到最大

「奇點」是天文學及物理學上的專有名詞，是一個體積無限小、重力無限大的點，是目前所知的物理學皆無法適用的定律，像是宇宙大爆炸的初始奇異點，也象徵著新創公司不遵循任何已知的規則發揮創造力，不讓任何事情限制想像，David 創立的奇翼醫電，便是取自「奇點」；而「翼」，顧名思義，象徵著要為夢想插上翅膀，也代表公司能找到優秀的合作對象，如同站在巨人的肩上可以看到更遠的世界。David 以極富意義的名稱為公司命名，期許帶給員工好的啟發，也可以看見他對公司的期望、對產業的抱負。

未來，奇翼醫電的目標很清晰，預計短期內要完成手邊的人體實驗，並且申請台灣、美國及歐盟專業的醫療認證，進軍歐美市場，為了回報投資人，奇翼醫電也勢必努力地走向國際，做出能影響一億、甚至十億人口的產品，期許有朝一日能改善人類的生活模式，使人類能得到真正的健康及長壽。

對於創業，David 很鼓勵，他勉勵年輕人不要排斥創業，反而要勇於創業，或是加入新創公司，年輕就是本錢，要有夠遠大的夢想才有動力去勇敢追逐。當然，創業的艱辛不在話下，David 用他的實際經歷提點年輕人，創業要經得起失敗跟折磨，儘管可能會頭破血流，也要去享受衝撞、享受痛苦，每一次的挫折都會是將來成功的勳章、也會結成甜美的果實。

清大科技管理學院演講

#B  商業模式圖 BMC

重要合作
- 研發團隊
- 生產團隊

關鍵服務
- 穿戴式醫療裝置
- 智慧手錶
- 智慧衣
- 掌上型量測
- 群組心血管監控系統

核心資源
- 行動醫療裝置之
- 硬體設計
- 軟體研發技術
- 雲端平台設計

價值主張
- 結合台灣的電子產業與醫療技術造福人類、使人類得到真正健康的長壽。

顧客關係
- 共同創造
- 主動購買

渠道通路
- 官方網站
- 新聞報導
- 發表會

客戶群體
- 企業
- 醫院
- 養老院
- 獨居長者
- 照護服務單位
- 保全或大樓管理單位

成本結構
研發技術、人力成本

收益來源
- 產品售出

#C | 創業 TIP 筆記 ✏️

- 創業要經得起失敗跟折磨，儘管可能會頭破血流，也要去享受衝撞、享受痛苦。

- 趁著年輕、年輕就是本錢，不要排斥創業，要有夠遠大的夢想才有動力去勇敢追逐。

- _____
- _____
- _____
- _____
- _____
- _____
- _____
- _____
- _____

#D | 影音專訪 LIVE 📹

奇翼醫電股份有限公司

(03)667-5801

https://singularwings.com/zh-tw/

新竹縣竹北市文興路 257 號 11 樓

#A

減少那些有關來不及的遺憾

輔人科技股份有限公司

ForeAider 輔人科技

羅奕麟，輔人科技股份有限公司創辦人，羅奕麟的母親長年受思覺失調症之苦，為了提供給母親更好的照顧，羅奕麟協同幾個專家朋友著手研究輔具，歷經五年多的研究，以輔人科技股份有限公司為公司名，他們推出「智慧感知墊」，以簡單、無須穿戴為賣點，成功於照護產業一舉成名。

輔人科技 / Fore Aider Co.,Ltd

1. 2019 日本橫濱 - 嵌入式 & 物聯網技術大展 (ET & IoT Technology 2019)
2. 2019 東庚企業 demo
3. 2020 東京 careTEX 展
4. 2020at-life 輔具展 - 大紀元記者採訪

長期臥病在床，日漸凋零的母親

思覺失調症所屬重精神疾病，根據調查顯示，全世界大約每 100 人便有 1 患有思覺失調症，心智失調的患者們無法對外界刺激進行正確判讀，舉凡思考、行動、感知皆會受疾病影響，最後導致生活失能。

年幼的羅奕麟對母親染上的病症並不清楚，對羅奕麟來說，母親是很強勢的一個人，總是對他周遭的人不甚友善，母親是一位「總是對著人或牆壁大罵」的人，這便是童年時期的羅奕麟對母親的印象。

隨著年紀漸長，羅奕麟發現原來母親並不是生性難相處，而是生病了。獨立後的羅奕麟並沒有選擇離開病重的母親，而是將母親從療養院接回家，一手擔起照護母親的重責。

面對草木皆兵的她，我能作些什麼？

思覺失調症的患者對於環境變化相當敏感，即使只是一盆花、一個擺設的移位都會引起患者們的高度緊張，他們對於新事物極度排斥，因此許多新興的醫療設備並不受患者們待見。嘗試許多裝置、輔具卻成效不彰的羅奕麟感到十分無力，即

使早已做好心理準備，照顧過程仍然超乎羅奕麟預期地磨人心神，然而這一切並沒有打倒一心想要找回母親笑容的他；他心想：「既然市場上沒有適合母親的產品或服務，那我自己開發總行了吧！」

找到幾個相關領域的專業人士與朋友，羅奕麟走上創業之路。然而，空有概念的他連該如何起步都不清楚，他開始對自己是否能夠成功產生了一絲猶疑，身邊的親朋好友見此紛紛鼓勵羅奕麟打起精神，在這股溫情下，羅奕麟甩甩頭將所有擔憂拋在後頭，以「無穿戴」、「不改變原有生活環境」為核心概念，專心一致研發產品。

1. 2020at-life 輔具展
2. 商品照
3. 公司第一次股東大會
4. 2020 中科智慧創新創業競賽
5. 2020 烏日合勤共生宅開幕派對 - 與合勤建設李董
6. 2020 東京 careTEX 展 - 產品簡介

尚在技術雕塑雛形的創業初期,由於沒有固定的工作場地,所以團隊經常需要在外面尋覓適合的工作場域,一群人集結於超商討論的畫面對羅奕麟與其團隊可以說是司空見慣,甚至他們也曾多次於大賣場的美食區內邊吃飯邊拿著儀器、設備進行開發;當產品需要實體空間進行測試的時候,則是整個團隊扛著笨重的設備隨便找個汽車旅館入住作為臨時場地。在這樣居無定所的工作環境下,羅奕麟絲毫不減熱情,全心開發符合母親需求的產品,然而意外總是來得措手不及。

背負無可挽回的遺憾,重振旗鼓

羅奕麟的母親過世了。

一切都來得太突然,就在一個平常的日子,母親被告知病危,急忙趕到現場的羅奕麟緊握著母親的手,淚眼婆娑地不停說著:「對不起…對不起…雖然來不及給妳用了,但產品我一定會做出來的…」母親似乎能感受到兒子的心意,靜靜地闔上滿布皺紋的雙眼。

羅奕麟趴在病床前,看著眼前蒼白的母親似乎還有些不可置信,疑惑、憤慨、傷心等的複雜情緒向羅奕麟席捲而來,一心為母親出發的創業之路,然而在產品問世之前母親卻離開了,他的心口彷彿被挖開了一個黑洞,沉浸在悲傷的羅奕麟並沒有忘記自己於母親斷氣前許下的承諾。

歷經數年努力,羅奕麟與其團隊於 2018 年 7 月創立輔人科技並推出「智慧感知墊」作為主力商品。智慧感知墊可以簡單設立在床墊以下,不但不占空間亦不影響患者照護環境,更重要的是它擁有以下功能:(一)資料蒐集:可透過產品得到患者起身、離床、入睡等數據同時進行生理資訊監控。(二):拍打呼叫:患者能透過觸碰床鋪觸發系統面板,家屬能在第一時間查覺需求。由其無須穿戴,能夠省去一般配備醫療器材的時間,同時又具備精準數據,產品一出便立刻獲一片好評,於疫情肆虐時期,雖然加工與電子零組件因此受限,但並不減產品吸引力,不只台灣長照相關業者的接洽合作,甚至在海外像日本、韓國、英國等國家的廠商也紛紛提出合作甚至直接進口需求,這一切都證明了一件事:羅奕麟辦到了!

結合智慧智能,追求人性化設計

輔人科技現仍於創業初入市場階段,羅奕麟表示目前穩定產品為首當其衝的任務,短期仍會以機構照護輔助做為主要服務項目,待產品成熟後才會進入居家醫療,公司已規劃出許多新服務與新模組,將於適合時機推出。

羅奕麟提及未來會將 AI 技術與自身產品結合,提供更流暢的服務過程,並追求高人性化的產品性能,除此之外也會透過該技術增加照護程序上的彈性。

#B  商業模式圖 BMC

重要合作

- 合勤建設
- 工研院
- Awesome Life(日本)
- 退輔會
- 邁特電子

關鍵服務

- 離床預警
- 睡眠作息與品質
- 生理資訊量測與異常警示

核心資源

- 獨家技術
- 專利佈局
- 公司股東

價值主張

- 讓盡孝 / 照護變簡單。讓老年生活獲得尊重。

顧客關係

- 安裝簡單
- 判讀容易
- 不改變原有照護環境
- 不用特別學習新介面

渠道通路

- 經銷商
- 建案樣品房

客戶群體

- 長期臥病在床患者族群
- 家中有長者族群
- 照護中心
- 長照機構

成本結構

營運成本、研發費用、人事支出、物料採購

收益來源

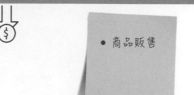

- 商品販售

#C 創業 TIP 筆記

- 找出讓人願意掏錢的需求為突破一大關鍵。

- 擁有共同願景的夥伴能大幅提高創業成功率。

- _____
- _____
- _____
- _____
- _____
- _____
- _____
- _____

#D 影音專訪 LIVE

輔人科技股份有限公司

(04)2314-2032

https://foreaider.com/

台中市西屯區櫻城一街 59-7 號 1 樓

NETFLIX

 BMC（範例）

重要合作

- 內容所有者
- 網際網路服務供應商
- 亞馬遜網站服務
- 電影製作公會、個體
- 劇院、影城
- 影展、電影節
- 網紅
- 知識產權持有人
- 管理者 (FCC、FTC)
- 投資客

關鍵服務

- 技術開發
- 內容授權、獲取
- 內容創作
- 行銷
- 分析

核心資源

- 品牌商
- 應用程式 / 網站
- 生產內容
- 演算法 & 數據
- 職員、演員、製作人
- 獎項

價值主張

- 內容資料庫
- 無廣告
- 即時回應需求
- 用低價盡情看影片
- 高速連結
- 免費增值模式
- 個人化
- 在地化

顧客關係

- 自助服務 (app)
- 用戶支援
- 社群軟體
- 自制、信任
- 推薦系統（嵌入）

渠道通路

- 桌電、平板、
- 手機 app store
- 支援渠道
- 社群軟體
- 媒體
- 電影節

客戶群體

- 微區隔：2000 不同喜好族群

- 使用者區隔化
  （使用參數）：
  科技
  觀看習慣
  瀏覽習慣

- 巨集區隔 / 廣告取向
  （非使用者）：
  地理及人口特性
  其他巨集

成本結構

行銷、收益成本、科技、內容攤銷、行政、手續費、顧客服務、串流傳輸成本、營運成本

收益來源

訂閱費 (3 種方案)、國際串流、美國串流、美國 DVD、高潛能未來收益系統、對外授權 Nerflix 自有內容

我創業，我獨角（練習）

設計用於 _____ 設計人 _____ 日期 _____ 版本 _____

重要合作	關鍵服務	價值主張	顧客關係	客戶群體

核心資源

渠道通路

成本結構

收益來源

Chapter 5

#A

來一場時光旅行，勾起你兒時回憶的懷舊復古餐廳

茶侶人文餐廳

茶侶 人文館
懷舊・美食・喫茶
retrospect.food.tea

洪敏喬，茶侶人文餐廳的負責人，熱愛文化產業，看中茶侶濃厚的人文特色，頂下餐廳、保留原始的復古氣息，並積極轉型為親子聚會餐廳，希望客人透過茶侶結交新朋友，使茶侶充滿溫暖及凝聚力，成為串連人與人之間的場所。

1.2.3.4. 門市環境照

頂下餐廳，延續復古人文氣息

飲茶是一種文化、也是一種生活美學，台中人很懂吃也很熱愛享受美食，所以台中的餐飲業發達，光是下午茶類的餐廳就有五百家以上，由此可知，茶飲是台中飲食文化中十分重要的一環，飲茶不只在於品茶，更重要的是聯繫、凝聚感情。「茶侶人文餐廳」的洪敏喬負責人，因為平常休閒時熱愛做菜，也常到茶藝館開會或跟業界朋友聯誼、洽談公事，在某次下班回家的路上，碰巧經過看到茶侶的前身要轉讓的刊登消息，覺得很有緣、也沒多想就決定頂下來試試看，而餐廳就沿用原本的舊店名－「茶侶人文餐廳」；裝潢也沒有多加修改，維持著舊有的紅磚瓦片、原木梁柱的懷舊餐廳風格，剛好搭上了當時正吹起一陣潮流的復古風，也保留住珍貴的歷史痕跡跟濃厚的人文氣息。

身兼多職，三度創業

其實在創立茶侶之前洪姐就已經有屬於自己的公關行銷公司，專門替客戶舉辦像是尾牙或記者會等等的活動，而且公司也已經成立將近二十年了，除此之外，洪姐也熱衷於文化創意產業，隨著當時兩岸文化交流盛行的趨勢，將台灣傳統的燒香習俗和苗栗三義的沉香雕刻收藏，結合文化產業到中國北京開創「香朝事業中心」，發展薰香文化有關的課程、產品和香療館，也因此洪姐長期居住在北京發展主要事業，創立茶侶可以說

是意料之外；當初創立茶侶就是喜歡它濃厚的人文特色，洪姐認為裝潢風格可以經過裝修改變，但時間歲月所留下的痕跡是很難創造出來的，所以將餐廳頂下來後也保留了原本的風格，並且將友人收藏的童玩、舊電影海報、雜貨店標誌等的復古元素擺放在牆上，甚至結合自身在公關行銷公司的經驗，在開幕時請來了布袋戲做表演，直接重現台灣著名的廟口文化。

餐廳轉型，親子聚會最佳首選

茶侶的前身已經經營了將近八年之久，雖然是因為經營不善才決定轉讓，但依然有固定的客源，客人來源大多是附近的業務員下班聚會或聯誼，通常會抽菸跟玩牌，但洪姐接手之後積極轉型成

1. 店內餐點－香酥炸雞翅　　2. 店內餐點－黑醋栗氣泡飲
3. 店內套餐　　4. 茶侶人文餐廳洪敏喬負責人

家庭、親子聚會餐廳，為了改變目標客層便設立了吸菸區，提供室外騎樓的座位區給有吸菸需求的客人，但大眾長期對茶侶的印象就是喝茶聊天、抽菸玩牌的休閒場所，自然不會是家庭聚會選擇的地點，也因此造成舊的客戶流失、新的客源也進不來的窘境，導致重新營業的前兩年裡幾乎都是賠錢的狀況；為了開發新的客戶，茶侶也藉此轉型成「以餐為主」的茶餐廳，有別於別間的茶餐廳主打「茶飲」，茶侶開始增加新菜色，也因為周邊有許多銀行、公司大樓，便順勢推出外帶的午餐特惠做宣傳，為了打進親子市場，洪姐還把 wii 搬進了店裡，每天到了固定時間就搬出大螢幕讓小朋友吃飽後可以玩 wii，加上茶侶絕對堅持現點現煮，絕對不會二次加熱，健康的餐飲也非常適合小朋友吃，漸漸地，許多家庭來到餐廳用餐也可以互相交流、認識，甚至會相約舉辦派對或交換禮物等的聚會，茶侶也變成結交新朋友、串連人與人之間的場所。

而近幾年，許多餐飲業規模愈來愈大，年輕人也偏好到知名連鎖餐廳工作，加上政府還推出一例一休的政策，但餐飲業屬於勞力密集的產業，員工需要配合早晚輪班，外場流動率大但其他員工也因為政策關係不能加太多班，因此員工的管理和配置上一直是茶侶經營上的一大挑戰，也讓洪姐有了想將餐廳再轉讓的念頭，但其實茶侶的客流量及營業額已經十分穩定，一路走來主廚和管理階級的員工也都不離不棄，店裡的菜單很穩定不會有因為主廚來來去去而變動的問題，顧客也有許多良好的反饋，洪姐也就捨不得放棄了，她也說道，茶侶能夠堅持到現在還屹立不搖的主因就是它帶來的溫暖和凝聚力了。

成立副品牌料理包，一解遊子相思愁

對於長期居住國外的洪姐來說，茶侶並不是一個用來賺錢的工具，而是用來聯繫家人、凝聚情感的地方，就像橋樑為彼此牽線，即使分隔兩地、不常見面，家人朋友還是可以常常來光顧餐廳，彼此間的感情也不會因此淡化、散掉；茶侶到現在已經創立了十六年之久，也看著許多忠實顧客長大，從小跟著爸媽一起到餐廳用餐的孩子，不知不覺長大成了到外地讀書的莘莘學子，茶侶可以說是伴隨他們成長，也成了他們記憶中的家鄉味，為了回饋顧客，茶侶也推出了副品牌—「食侶」，將料理真空包裝成微波食品，讓在外地的遊子也可以方便的嚐到原汁原味的家鄉菜，也因應著流行趨勢結合外送平台，讓茶侶的道地佳餚更廣為人知，也為了補足下午時段的空檔，推出下午茶時間，增加時下流行的飲品吸引年輕族群，讓茶侶成為真正老少咸宜的餐廳。

談到創業的成功，洪姐有她獨特的見解，她認為創業的路上有許多一直在改變的元素，你可以任性但依然要帶柔軟才能夠去因應變化，她也認為台灣的環境充滿創意，其實很適合服務業或自營商的小企業創業，最重要的是要保有熱情且勇於嘗試，因為熱情是假裝不來的，沒有熱情就無法投入了解、也無法堅持太久。

「創業就好比你計畫去一百公里外的地方旅行，開車燈只能照到 30 公尺外的地方、無法照到目的地，但你每每推進 30 公尺你就能多看見 30 公尺的美景，也會帶你到目的地，若你只執著在一百公里外的目的，反而會錯過沿路風景」，洪姐留下了這麼一段耐人尋味的一段話，她認為創業是個探索、認識自己的過程，最重要的不是員工的展現，而是自我了解，洪姐為自己創業過程下了一個獨特的詮釋，也讓人看見了她喜歡面對未知的勇氣。

#B  商業模式圖 BMC

重要合作

- 外送平台

關鍵服務
- 提供茶飲、餐點和下午茶

核心資源
- 富含人文氣息，凝聚情感的茶餐廳

價值主張

- 透過餐廳的凝聚力讓客戶在餐廳可以得到放鬆休息、聯繫彼此感情。

顧客關係

- 主動購買
- 外送平台

渠道通路

- 實體店面
- 外送平台
- 副品牌

客戶群體

- 累積的舊客戶、周邊銀行和商業大樓、要舉辦小型聯誼活動的客戶、家庭親子聚會、談論公事

成本結構

生產產品、人力、行銷

收益來源

賣出產品

#C | 創業 TIP 筆記 ✍

- 因為餐廳周邊有許多銀行、公司大樓，所以推出外帶的午餐特惠；或為了打進親子市場，把 wii 搬進了店裡；鎖定目標客層，推出因應產品，有效快速吸引客群。

- 創業就像一趟遠途旅行，也是個探索、認識自己的過程，要保有熱情才能堅持下去。

- _____
- _____
- _____
- _____
- _____
- _____
- _____
- _____

#D | 影音專訪 LIVE 📹

茶侶人文餐廳

• LIVE ▶

(04)2475-1058

http://0424751058.54vip.com.tw/

台中市南屯區東興路二段 117 號

#A

蔡氏釀酒
TSAI'S ACTUAL BREWING

全台唯一正統英式精釀啤酒廠

蔡氏釀酒精釀啤酒廠

從學習開始，到自釀啤酒，再到開釀酒廠，釀酒師蔡孝緯接觸釀酒已 13 年，從興趣投入到現在，蔡氏釀酒精釀啤酒廠已在啤酒的研發和事業經營上有一席之地。

也因為蔡氏釀酒精釀啤酒廠，讓台灣的啤酒市場更多元，也讓喜愛啤酒的消費者，能有更多口味的選擇。

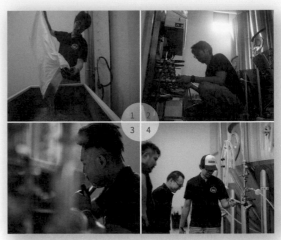

1. 原物料到啤酒需要專業與用心以及時間的發酵
2. 精釀啤酒製作過程
3. 蔡孝緯認真對待每一個製作過程，為了給消費者最獨特最好的酒
4. 團隊合作，以專業釀造最好的產品

戀上英式啤酒，跨越國際線

蔡孝緯在上海就讀高中時能接觸到的啤酒，選擇都是市面上常見的幾種，而這些販售的通常都是相同風格，也因為全世界的消費者都對於這類型的啤酒接受度高。蔡孝緯在英國讀餐飲管理時接觸到當地獨特的啤酒文化，理解到英國有許多人會自釀啤酒，驚訝於啤酒能夠有幾百種不同的風貌，戀上啤酒多樣化還有各式各樣不同風格的味道，感到新鮮和有趣的蔡孝緯一頭栽進釀酒的世界。

有計劃性的規劃創業的路，蔡孝緯從釀造設備開始做實驗自學，自釀不到一年左右，就已經開始思考如何能結合自己的專業創業，決定創業以後，蔡孝緯又自行前往德國柏林釀造學院進修受訓，拿到釀酒師資格並考察歐洲釀酒廠後，在 2013 年回台創業。

打造歐洲風味，浪漫從細節開始

然而觀光工廠的建立並非簡單的事情，觀光工廠在台灣只能使用工業用地，而工業用地通常在杳無人煙的地區，無論是建立的過程還是經營都是考驗。光是觀光工廠的籌備期就長達十個月，選擇在南投草屯為定點，2015 年年底開始動土動工，直至 2017 年 4 月底才建立完成，每日往工廠跑是必然的，沒有外包的經驗只能靠自己不斷盯場，確認所有的工廠細節都是自己要的方向。第一次做觀光工廠，要親自試水溫，客人的動線、客訴和團隊成員間也偶有磨合，另外工廠建立過程同一時間要做啤酒研發、創新、調整，蔡孝緯也笑說他現在大多的時間都在處理跟酒無關的事情，因為企業經營要看的面向更多更廣，要專注的不只是釀酒方面的專業度。從建設工廠到開幕至今，人員的育留是很耗費精力的過程，團隊中釀酒助理或是廠區服務員來來去去，但在這些困難中建立起的團隊也已經成熟，強大的團隊建立後讓蔡孝緯安心不少。

1. 和團隊夥伴認真的研究及每一杯酒，並且介紹給消費者瞭解
2.3. 精釀啤酒製作過程
4. 精釀啤酒，每款都有不同的特色
5. 活動是最直接和消費者接觸的時候

雖然很辛苦，但建立起來也讓蔡孝緯非常的有成就感，而蔡孝緯考慮做觀光工廠而非酒吧或是一般的餐酒館產業，是因為蔡孝緯希望結合教育，讓消費者更瞭解啤酒的文化，啤酒的風味和各國差異及製作過程，另外也考量到有自己的釀酒廠，可以開發更多不同口味的商品，對於隨時要調整啤酒狀態以及更好的品質都有更好的控管。

改變市場樣貌，做自己的獨特風味

蔡孝緯所提供的酒品服務分成兩個大方向，其一是提供英國道地的精釀啤酒，這源自於蔡孝緯自己的英國留學經歷，關於英國風味啤酒的分享，將國外的產品原汁原味帶回來，但風味啤酒有它的標準基準點，要在這個風格框架中需要調整酒品來符合台灣人的市場，讓台灣人喝到「正統」且容易接受的英式啤酒。

其二的酒品是推廣台灣本土的精釀啤酒，來自蔡孝緯對台灣本土香料的認識，開發以台灣香料所釀出的啤酒既好喝又有獨特性，他希望這個文化的傳遞是世界與台灣的連結方式，一方面讓台灣人更瞭解各地風味啤酒的優勢，也期待向外輸出台灣獨特的風味啤酒，而他們所製作的招牌啤酒，用原住民萬用烹調香料製成的「馬告」或是用煙燻製後的極品烏梅入酒的「烏眉」

都是他們熱門的品項，透過台灣所釀造的瓊漿玉液讓全世界認識台灣。

除此之外他們也做代工和聯名，許多人肯定蔡氏釀酒精釀啤酒廠的酒品，也有獲得國際獎項，蔡孝緯為此感到十分開心與驕傲，想嘗試非釀酒類的罐裝啤酒在量販店販售，主打女性青睞的硬蘇打輕啤酒，簡單喝輕鬆飲，較不易造成身體負擔，酒精濃度也較低。

蔡氏釀酒精釀啤酒廠，是蔡孝緯的心血結晶，充滿熱情的他對於未來有很明確的規劃，除了原有的酒品，他仍會持續開發新的風味啤酒，讓消費者能有更多元的選擇，接下來蔡孝緯也仍會持續精進自己，他期待自己能夠再到世界各地，吸收不同的釀酒技術、地方風味、歷史故事，他都期待能夠學習回到釀酒廠運用。

看到消費者喝到獨特風味露出笑容以及驚訝感是最有成就感的事

#B | 商業模式圖 BMC

 重要合作

- 餐酒館
- 市集、活動廠商
- 酒品物料廠商

 關鍵服務

- 啤酒批發
- 觀光工廠

 核心資源

- 釀酒師團隊
- 釀酒設備

 價值主張

- 透過技術，提供不同於市場常見的英式與台式精釀啤酒，使消費者有更多元選擇與新的酒品文化。

 顧客關係

- 個人買賣
- 合作關係

 渠道通路

- 官網
- 餐酒館、酒吧
- 精釀啤酒專賣店
- 市集活動

 客戶群體

- 啤酒品味者
- 愛好旅遊者
- 家庭出遊
- 高端族群
- 提供酒品的餐飲店或酒館

 成本結構

固定成本比重高

釀酒設備、工廠水電、酒品原物料

 收益來源

- 酒品買賣、授權代工

#C｜創業 TIP 筆記 ✏️

- 開發不同商品，明確商品主打定位與客群，能夠有不同市場的利潤。

- 新型的商品，要透過媒介與管道讓消費者理解，對於經營也是正向加分。

- _____
- _____
- _____
- _____
- _____
- _____
- _____
- _____
- _____

#D｜影音專訪 LIVE 📹

蔡氏釀酒精釀啤酒廠

(04)9236-2957

https://www.tsaisactualbrewing.net/

南投縣草屯鎮碧山路 1146 號

帶來笑容的黑金剛花生
喜笑花生

1. 喜笑花生系列產品　　2. 喜笑花生農事
3. 喜笑花生 - 兄弟檔　　4. 蘇治芬立委嚐喜笑花生

吳文勝，億膳商行的總經理，為了一圓父母親的夢想、也為了推廣珍貴的黑金剛花生，創立旗下品牌「喜笑花生」，經過兩道人工程序篩選，堅持健康原味，渴望喜笑花生能行銷國際，推廣在地文化和產業文化特色，為家鄉盡一份心力。

台灣國寶，雲林特產

雲林一直是台灣的農業要地，尤其是它得天獨厚的日照和土壤環境，產出了遠近馳名的黑金剛花生，黑金剛花生可以稱得上是農特產中的名牌，也屬於台灣有名的農特產品，而雲林是台灣種植黑金剛花生的主要縣市，其中元長鄉的產量就佔了 70%。

億膳商行的吳文勝總經理的父親－吳啟魯先生，是早年開始種植黑金剛花生的農人之一，當初中盤商帶了一些黑金剛的種子進來雲林，吳啟魯先生就對它情有獨鍾從而開始深入研究，從花生如何種植、土壤如何灌溉、適合什麼季節生長等，每個細節都仔細摸索，因品種特殊及產品優良也逐漸在雲林流傳。但黑金剛收成後小農沒有倉庫可以存放，為了避免花生被偷走，農人必須在田邊顧，累了就睡貨車上，部分不肖中盤商有時還趁機剝削壓低價格，父母及鄉親的辛苦吳總都看在眼裡，為了當地農民，也為了推廣珍貴的黑金剛花生，便創立億膳商行旗下品牌－「喜笑花生」。

進駐誠品書局，一戰成名

吳總是土生土長的雲林人，從小就看著父母親以種植花生拉拔他們手足長大成人，生活雖然辛苦，但每當有客人來訪時，父母親還是依然笑臉迎人而且熱情好客，也因此品牌命名為「喜笑花生」是最適合不過了，身為農家子弟，吳總比誰都還了解農人的辛苦，成立品牌的宗旨就在於提升農產品價值，進而提高農民收益並增加當地農民的就業機會；創業初期吳總便成立產銷班，讓當地農民的花生免於被商人剝削也可以賣到好價格，吳總也將父親的創業故事寫在部落格裡，正好誠品書局看到了他們的品牌故事，邀請喜笑花生進駐上架，喜笑花生也成了雲林縣第一個上架誠品書局的農產品，隨著誠品書局旗艦店的分布，喜笑花生也一戰成名、打響知名度，許多廠商慕名前來合作，連電視節目「台灣 1001 個故事」也邀約採訪，雲林縣農業處也大力支持，協助小農參與食品展或旅遊展的活動，大量的曝光也大幅增加了知名度。

花生又被譽為「長生果」，是養生的榛果類，裡面富含的花青素有益眼睛，尤其低油脂的黑金剛

1. 喜笑花生系列產品
2. 國小課外教學參訪
3. 花生篩選
4. 喜笑花生世貿參展
5. 喜笑阿公榮獲模範父親

價值更是高，讓家鄉的花生走出雲林一直是父親的夢想，父親種植花生六十餘年以來一直都堅持原味才健康，也更能品嘗到花生本身的脆、香、甜；採收後的黑金剛花生都會經過兩道人工程序挑選，先挑選顆粒好、賣相佳的，烘炒完再挑選分級，最後製作成禮盒行銷，流通到市面販賣，黑金剛花生的市場穩定之後，喜笑花生也推出周邊商品，像是市面少見的黑金剛花生油，還有將花生拌麥芽後，撒上白芝麻或南瓜子製成花生糖，純天然的調味保留住花生原本的香，也堅守父親的信念。

政府出手相救，挺過颱風天災

創業初期，吳總對於行銷和包裝設計一竅不通，只能靠自己去摸索學習，加上父親的耳提面命，堅持產品一定要原味和健康，在生產上面的成本提高許多，而且農業必須靠天吃飯，有時老天不賞臉、颱風來的措手不及，可能半年來的努力都白費了，還好當地農會與縣政府很願意提供相關資源及協助。

挺過挑戰、經營也逐漸上手，吳總坦言其實一開始不太了解品牌的價值，直到有次碰上商人向父親提出要高價買下喜笑花生的品牌，最後卻遭到父親一口回絕，雖然賣出可以在短期得到一大筆錢，但父親認為喜笑花生是由他親手建立，跟他的一生息息相關，並非是錢可以取代的。從那刻起，吳總才恍然大悟，原來喜笑花生早已深深植入父親以及當地農民們的心中了。

推動農民合作，推廣在地文化

為圓父母的夢而創立喜笑花生，並與手足聯手推廣品牌，喜笑花生除了有濃厚的在地文化和鄉土氣息，還有吳總父子滿滿的心血，如今喜笑花生拿下許多大獎，也曾兩次入選雲林十大伴手禮，國立編譯館更把父親的故事寫成「吳啟魯阿公黑金剛成長成收」納入國小課本，孩子們透過喜笑阿公和喜笑阿嬤的故事，了解花生從種植、結果到收成的過程，喜笑花生也收到許多國小戶外教學的邀約；喜笑花生有今天成就，吳總滿滿的驕傲和成就感，更期許未來可以將喜笑花生行銷國際，推廣在地文化和產業文化特色，也為家鄉盡一點心力。

身為花生農，吳總認為農業的利潤其實不高，想要投入農業要先明確方向跟目標，一步一腳印，實際了解如何栽培作物，思路要廣，規劃品牌故事及產品，最重要的是，農業是一項團結的行業，單靠自己的力量是無法做成功的，所以不能只顧自己賺錢，也要照顧通路商和產銷班，帶動周邊的產業鏈，這樣才能增加農民的收入，進而提高農民的種植意願，產品的質量跟著提高，產業才能成功。

#B  商業模式圖 BMC

 重要合作

- 誠品書局、香港、新加坡、馬來西亞、澳門等地的商店

關鍵服務

- 黑金剛花生
- 花生糖
- 花生油

 核心資源

- 自產自銷黑金剛花生

 價值主張

- 堅持健康原味、無添加化學物質，自產自銷、推廣在地文化行銷國際。

 顧客關係

- 主動購買
- 進駐店家

渠道通路

- 實體店家
- 展覽活動
- 官網

 客戶群體

- 愛吃花生的人、需要送禮盒的人、觀光客

 成本結構

製造產品、行銷、收購花生

 收益來源

- 產品賣出收益

#C | 創業 TIP 筆記 🖊

- 喜笑花生是由父母種植、栽培，兄弟姐妹聯手行銷、宣傳，是充滿情感的家族事業。

- 花生富含的花青素有益於眼睛，是很珍貴的榛果類。

- _____

- _____

- _____

- _____

- _____

- _____

- _____

- _____

#D | 影音專訪 LIVE 📹

喜笑花生

(05)788-3039

https://laughpeanuts.com/

雲林縣元長鄉頂寮村 3-8 號

A

林鬍子股份有限公司

Lockists，為世界畫上一道美麗的顏色

Lockists

林鬍子股份有限公司（Lockists Co., Ltd.）創辦人林鈺堯，外號鬍子的他，推出了 Lockists 機車共享平台的服務項目，打算顛覆大眾對於共享機車的概念。他出身於管理學院，除了行銷領域外，曾是資通訊產業的 PM，對於工程師、設計師、客戶需求的多向溝通十分擅長。秉持著「科技得以讓世界變得更加美好」及「打造共享經濟世界典範」的理想與使命，他與擁有共同信念的合作夥伴開始了 Lockists 平台的建造。

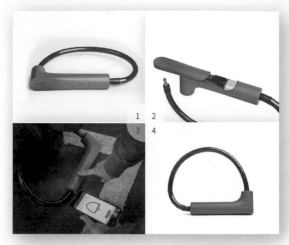

1. 智慧鎖下視圖　　　2. 智慧鎖解鎖圖
3. 智慧鎖使用示意　　4. 智慧鎖前視圖

「因為相信，所以開始了 Lockists.......」

鬍子表示，公司創立之初，他還沒有想到「機車共享平台、共享經濟」這個概念。只是一直覺得，現在的社會每個人手上都有一支智慧型手機、平板等智慧裝置。科技的進步，原本該讓社會更加便利的美意，反倒卻成了「低頭族、社交障礙」等社會問題的主要原因，他認為這不該是科技發展所應該得到的結果！

科技使人的生活更加便利，生活節奏加速。應該落實「地球村」的概念。即便人在台灣也可以透過網路處理遠在美國的事情，例如視訊會議或是遠端遙控。所以鬍子相信「科技應該是為人們的生活帶來更多的連結」不管是將科技運用在商務、行銷、交友、遠端智慧住宅等等。他認為，科技數位是為生活加分，在行銷公關領域上必然是最好的加值工具。

開創公司的剛開始，他沒有房子、車子，也沒有多餘資產，是否能將手中資源變現，成了公司創立之初首要難題。雖然有一台機車，可是機車可以做到的事情並不多，外送平台也不像現在需求這麼龐大。他也同時在思考，如果把時間花在別的事情，那就無法專心於公司的營運。

看看路上越來越多廠商提供的共享機車、單車，那自己的機車是不是也能被自動化共享呢？於是機車共享平台 Lockists 的雛形就在這時成型。需要用的時候就可以隨時隨地的租借、半夜想還車的時候就可以還、UBIKE 都做得到了，他相信個人與店家現有的機車共享一定也能成。他初步上網搜尋，也發現海內外並沒有相關的平台可以引進，於是他覺得既然沒人做，何不從自身開始。

「不只是屬於我，是屬於大家的 Lockists....」

台灣號稱是「世界機車王國」一點都不誇張。台

1. Lockists 形象照　　2. 車客形象照
3. 車東形象照　　　　4. 團體與鎖照

灣人口約莫 2300 萬人，卻有 1400 萬部機車，已經超過人口的半數了，密度居世界之冠。但他也發現大部分的時間，這些機車都是閒置狀態。平均一天的使用時間約莫不到 1 個小時。大多數擁有汽車的人，使用機車的頻率又會更低，到這邊，模式就已經明確出來。

鬍子表示：「每天有這麼多的機車都是被閒置的，用智慧裝置做媒介使用共享平台，就可以把沒有在使用的機車，提供在平台上出租給需要的人，參與者不僅是可以透過機車出租共享獲得額外收入，更可以活化被閒置浪費的資源，這是一件很具社會意義的事情。」

「科技使世界更美好」一直是鬍子的理想與願景。透過模擬情境，瞭解需求後再加上專屬特製的智慧鎖，讓使用上更安全。並且所有參與會員實名制的註冊，如同出租套房一般，保障車東與租客的財產安全。更可以細節設定使用時間，以及車內提供物品的資訊等等，這些只需要一隻手機，就能解鎖、付費、定位、歸還一次到位。

「放棄，一直都存在心中……但只要有一絲光芒，就有前進的動力」

每每遇到不如意的時候，鬍子常常也會想為什麼要這麼辛苦？P2P 機車自動化共享平台，這個概念海內外都找不到知名品牌應用，是既新穎又沒有人做過的模式。找不到過去案例可以直接對照參考。雖然租賃、共享看似很像，但動產與不動產的管理 Know how，卻有著截然不同的差異。初期僅能將看起來相似的產業應用拿來做參考，

過程很辛苦，當然最嚴重的還是面臨公司赤字，資金周轉困難，也讓鬍子幾度撐不下去。

鬍子也曾參加發表或補助計劃，但經常是評審即便認可構想很棒，卻被質疑可行性與高風險，沒有前例參考，因此不易信任，補助、獎助在公司創立頭兩年，一直與鬍子無緣。不僅如此，連硬體設計端的詢價，也被廠商無情地回絕，認為這根本不可能，太過天馬行空，連報價都不肯，過程真的會筋疲力竭。

鬍子堅持下來，是因為他相信台灣的科技軟硬體實力強大，並且想做的事情能夠創造價值，鬍子希望未來總有一天只要談到共享，全世界第一個想到的就是來自台灣的 Lockists，這不就是讓台灣被世界看見最好的方式嗎？

「創業是一場生存遊戲，活下去！」

新創非常辛苦，可以說是吃力不討好。但鬍子分享「今天很苦！明天會更苦！但大後天會很美好！往往很多人都會葬身在明天的夜晚，看不見後天美麗的晨光。」這讓他在創業的生存遊戲中存活下來，只要活下來就有希望。鬍子鼓勵所有正在面臨創業挫折的人，有價值的事、對的事情絕對需要堅持來實現。即便身處在伸手不見五指的黑暗裡，只要心中有光，那就是堅持的動力！而對鬍子來說「科技得以讓世界變得更加美好」的願景，就是他心中的光。

#B | 商業模式圖 BMC

 重要合作

- 機車租賃行
- 中古機車行
- 個人車主

 **關鍵服務**

- 共享平台營運
- 客服解決問題

核心資源

- APP 軟體開發工程師的背景與資源

 價值主張

- 透過平台媒合閒置機車，使需求和價值可串接，進而改變資源閒置的問題。

 顧客關係

- 雙向媒合

渠道通路

- 官網
- FACEBOOK
- INSTAGRAM
- 採訪

 客戶群體

- 有彈性租車需求的人

 成本結構

研發、管理、維護 APP 費用

 收益來源

- 會員媒合

#C | 創業 TIP 筆記 ✎

- 在市場尋找還未被解決的問題，並且找到適合的方式處理。

- 將自身專業結合，發揮自己的優勢。

#D | 影音專訪 LIVE 📹

林鬍子股份有限公司
Lockists Co., Ltd.

• LIVE ▶

0912-943-036

https://www.lockists.com/

臺北市信義區信義路 4 段 460 號 18 樓

#A

品業興實業有限公司

當口罩不只是口罩，刷新你的預防醫學三觀！

龔計飛，品業興實業有限公司創辦人。兒童出版出身的他相當瞭解「提早開始」的重要性，但台灣相關概念普遍低落，龔計飛決定以生技產業作為媒介，主打融合時尚元素的高過濾淨值口罩，教育民眾落實思患預防。

環境照

「如果能夠早點發現，是不是結果就會不一樣？」

談起創業的起心動念，品業興實業創辦人龔計飛眼神飄向遠方，接著淡淡開口反問採訪編輯：

「如果只要花二十元就能在一分鐘內檢測出你身體的酸鹼值，妳花不花？」

在台灣，一有病況民眾的反應皆是投醫，然而奔波醫院不但時間成本高，索取金額亦是一大負擔，最基本的檢測單次都至少要 500 元起跳，觀察到了這般社會現況，龔計飛興起落實預防醫學的決心。

他亦分享了一段過往，龔計飛曾有一位摯友因胃痛前去診所求醫，然而藥方成效不彰，幾天後，

友人前至醫院複診，卻被診斷出胃癌末期，不久後便離世。談起這段傷心的經歷，龔計飛臉上雖掛著淺笑，語調裡仍漫佈藏不了的沈重，稍作停頓後他接著說道：「所以說，台灣目前的預防醫學，『說』是有在說，但沒有在『教』，像是現在推動的病況分流在國外早就普及了。」預防醫學不單是品業興企業核心，同時也飽富龔計飛個人的強烈信念。

從兒童出版到抗菌產品，不變的核心是「預防」

接手品業興企業前，龔計飛已埋首於兒童出版三十餘載，談起兒童教育與現行企業的關聯，龔計飛笑答：「都是一種預防措施。」龔計飛堅信

事出必有因，凡孩童的叛逆乖張至疾病的蔓延惡化，只要採取適當的預防措施，一切的不幸皆有幸避免。在龔計飛的觀念裡，不管是多麼小的的細節都與結果環環相扣，因此無論在教育上抑或品質上，他從不允許任何一處疏漏。

「我對員工唯一的要求只有一個，讓顧客滿意。」

為了獲取最高品質的過濾數據，龔計飛次次砸重金購買原物料、進行檢測，不惜成本心力，龔計飛只想給客戶最好的。賠到國稅局稅捐處人員都忍不住開口問：「做這麼多年，都一直在賠錢，怎麼不乾脆收了？」龔計飛當時只是低笑簡單回應：「反正賠我的，我稅還是一樣會繳。」他沒說出口的是，自己一旦決定開始，就要做到最後。

口罩也可以很時尚，打破非藍即黑的世界

龔計飛多次於訪談中提及：「我們賣的口罩是配件，不是拋棄式產品。」在大眾印象中，口罩的既定形象沉悶單調，配色樣板乏善可陳，跟流行可以說是完全扯不上邊。然而，龔計飛做到了！品業興的口罩花樣、顏色豐富多彩，就像是戒指、項鍊一般的存在，你可以選擇穿戴不同的口罩來表達自己。一開始這樣的理念並不被看好，不論是單純製造口罩，抑或是將口罩加入時尚的元素，龔計飛面臨的是紛飛的嘲弄。然而，龔計飛並沒有被打倒，他繼續往自己堅信的道路邁進，一邊提升口罩品質獲取專利，一邊積極參展

提高產品能見度；在多年的努力下，品業興推開了屬於自己的門，品業興的產品開始外銷至日本、香港各地，許多國際連鎖通路也紛紛前來邀約合作。談起這一切，龔計飛的眼裡有痛苦、失落、感慨、但更多的是驕傲。

打造安全舒適的環境——活好了，我們才不會生病

問及未來規劃，龔計飛眼神堅定地回答：「除了口罩以外，我們現在也在進行貼身衣物、眼罩、寢具相關產品研發。」如同前文所提，品業興想做的事是落實預防醫學，在龔計飛的觀念裡，預防是在家做的，預防是生活的一部份，因此龔計飛相當注重顧客的產品使用體驗，他深信唯有顧客真心喜愛產品，產品的價值才得以發揮並普及；龔計飛拿自家的眼罩作為比方，該產品採用竹炭儀技術，利用竹炭特性修復眼睛周圍微血管，同時加入銀離子使產品達到滅菌效果，單純以使用功能向來說，該眼罩已經可以說是非常成功，然而龔計飛並沒有止步於此，他同時採用親膚透氣的布料增加配戴舒適度，並獨家引進

一體成型的商品設計，藉此強化商品抗菌特性。在龔計飛的談吐間，我們看見：除了「最好」還要「更好」！

不要盲從成了一窩蜂，要做就做女王蜂

問及給創業者的建議，龔計飛笑答：「堅持是最基本的，同時堅信自己的選擇，最重要的是不要一窩蜂，要做就做跟別人不一樣的！」背負著眾人質疑走到現在的他語重心長道出心聲。從這次的訪談中，我們能發現在創業這條滿是荊棘的陌生風景中，沒有人總是走得一路順遂，赤足闖進莽林的創業家們，腳趾下的石礫磨破腳皮，自信的腳步因愈發濃密的刺棘變得遲疑，雙足因沾滿血液而變得濕潤黏滑，這一切都叫人想要尖叫放棄。然而，那些成功創業的企業家們，或者該說勇者們，並沒有做出那些相對容易的選擇，他們同樣痛苦卻咬牙跋足前進，即使前面是一片深不見底的密林，即使沒有人為他們喝采鼓勵，他們仍手持鈍斧，劈開滿佈的尖牙，往滿是煙硝的迷霧前進。

#B 商業模式圖 BMC

重要合作

- 海外廠商

關鍵服務
- 口罩
- 多元個人防護產品販售

核心資源
- 時尚設計
- 濾菌技術
- 海外合夥
- 創新研發
- 專利認證

價值主張
- 醫療用品結合流行元素，使其成為配件，並透過貼合生活的產品設計落實預防醫學。

顧客關係
- 品質至上
- 顧客第一
- 雙邊回饋

渠道通路
- 實體據點
- 電商平台
- 官方網站

客戶群體
- 關心健康族群
- 喜愛流行元素族群

成本結構

研發成本、原物料進口、營運費用、人事薪資、專利申請

收益來源

產品販售

#C 創業 TIP 筆記 ✍

- 研發出符合時代需求並能受惠他人的產品為創業一大關鍵。

- 耐得住寂寞、苦痛,才享得了結開的果。

- _____
- _____
- _____
- _____
- _____
- _____
- _____
- _____

#D 影音專訪 LIVE

Startup Island
TAIWAN
我獨創角業,

品業興實業有限公司

• LIVE ▶

0800-500-339

https://www.pyx.care/

台北市吉林路 393 巷 9 號 1 樓

哈布童鞋有限公司

穿對鞋子，小朋友也可以很時尚

HABU
BABY SHOES INTERNATIONAL

周東慶，HABU 哈布童鞋品牌主理人。自 17 歲時便懷著創業夢想，與友人討論一番後便決心開始創業，歷經半年摸索與探討，最後東慶與友人決定從童鞋出發，目標「希望每個孩子都能擁有一雙漂亮又舒服的鞋子」，十幾年下來，哈布童鞋憑藉豐富的多樣鞋款與一流穿戴舒適度，打出自己的一片天下。

1. 活動照
2.3.4. 環境照

有些事情現在不做，以後就不會做了

甫出社會的東慶，進入了一家體育用品連鎖店工作，負責鞋類販售，時光荏苒，東慶這麼一待便是三年。日漸對於例行公事感到枯燥的他，開始燃起「想做一些特別的事情」的想法，在一次與友人的對談中，發現友人竟也與他抱著同樣的想法，越談越發興致的兩人決心合作創業。

話雖如此，離職後的兩人對於創業方向並沒有明確的概念，泛至服飾、模型、飲料店都在兩人的考慮範圍內，就這樣一來一往地討論、協商下，晃眼便過了半年。有許多剛開始一頭熱想創業的人們，隨著時間拉長便默默地放棄了創業的念頭。然而東慶對創業的熱情不減反增，即便一直尚未決定發展領域，他仍堅持著初衷，絲毫沒有產生過放棄的念頭。

這一天，共同創辦人的親戚前來到訪，東慶熱情上前招呼，倆人熱絡地聊了起來，知悉東慶正為創業所苦的，身處童裝業的親戚隨口道出：「你們沒有想過要做童鞋啊？」正所謂不鳴則己，一鳴驚人，簡單一句話對當時的東慶如同醍醐灌頂，在一番溝通後，當下兩人便決定要以童鞋出發，哈布童鞋正式啟動。

前景黯淡的初期，苦耘終初嚐甜果

然而，創業卻沒有兩人想得這麼容易。東慶以為賣鞋就只是單純的叫貨、販售，卻沒有意識到自己對該領域完全不熟悉，倆人可以說是童鞋界的一張白紙。要去哪裡進貨、進貨量該抓多少、如何找到客群等等這些事情，對創業初期的東慶簡直是難如登天。但秉持著信念的他，並沒有因此灰心喪氣，他與夥伴積極尋找可用資源並努力學習產業相關知識。從開發、設計、採購、工廠…，他們親自參與每個過程，並從中吸取錯誤不斷改善成長，花了兩年時間，哈布童鞋總算建立起自己的 SOP。

除了營運難題，產品推廣亦是一大難關，小本額起家的他們負擔不起高成本的廣告，剛開始的他們只得挨家挨戶的拜訪客戶，親自踏訪台灣各縣市，努力將產品觸擊率提升，在不懈努力下，屬

★ 專屬五"心"級服務

用心、細心、真心、熱心、貼心

只要來 HABU 挑選鞋款，我們會用五心級的服務，對待每一位來 HABU 的客人，會依照不同客戶的腳型和喜愛來協助客人做選擇，讓來 HABU 的大小朋友都能挑選出適合的鞋子。

品質　良好的員工教育，培育出品質第一的門市人員

服務　一個月內鞋子故障瑕疵不良，經專業人員評估後，可免費更換。

尊重　對客人的尊重是我們最重視的理念，讓顧客在購物時不會感到不愉快。

專業　專業的門市人員親切的解答顧客的所有疑問。

1.2.3. 品牌故事　4.5. 活動照　6. 活動團照

於東慶的奇蹟發生了。2015 年，哈布童鞋品牌關注率大量提升，營業額有了巨大突破，可以說是迎來爆發式的事業巔峰。對於這一切東慶有些不可置信，但他知道這是自己與團隊合力耕耘下的美好成果。

樣板縮小化，小朋友也可以穿成人鞋

哈布童鞋顧名思義是以童鞋為主要販售商品，然而童鞋市場雖大，但礙於少子化的影響，許多廠商紛紛覺得該產業無發展潛力，花在產品上的心力並不多。東慶在低迷的產業狀態下看見商機，他認為雖然少子化是鐵錚錚的事實，但也正是因為如此每個父母都幫小孩當至寶一樣呵護，相對以傳統父母，他們相當願意花錢在孩子們身上，包含治裝。因此他決定將舊有單調、死板的童鞋融入時尚元素，以「與眾不同」的童鞋作為出發點開發商品。

哈布童鞋第一款推出的特色鞋款是手工編織鞋，編織材質不但柔軟舒適，全手工的設計也讓每一雙鞋成為獨一無二的存在，首波推出便引起一發熱潮，許多家長趨之若鶩地選購，想讓自己的孩子擁有最特別的配件。幾年後，哈布又再度祭出勃肯鞋，縱然市面上勃肯鞋眾多，卻唯獨不見小朋友尺寸的設計鞋款，哈布採用獨家技術小樣鞋款，設計出本土第一款兒童尺寸勃肯鞋，除此之外亦積極開發其他款式，如餅乾鞋、老爺鞋…等，小巧時髦的特點正擊消費者紅心，哈布童鞋一舉成為流行童鞋界指標。

作自己喜歡的事情，再累也不嫌苦！

東慶表示一路走來真的不輕鬆，從什麼都不懂到什麼都要親手操刀，近年來因百貨設櫃的相關事宜，東慶更是忙得不可開交，但他自己卻是相當樂在其中。如今的 HABU 哈布童鞋已作出一番成績並獲得一致肯定，但眾人並不了解背後不為人知的辛酸與挫敗，甚至也不是每個人都想知道。在現今講求結果論的社會裡，只有勝者會留下。

一位商業管理課程教授曾說道：「100 家創業公司，到了第三年留下的只有 7 家，第七年則只剩 1 家。」由此我們可得知，若是沒有強烈的信念，在創業這條路上很容易便中途而廢，原因有很多，可能是質疑的聲音，可能是停滯不前的開發，也可能單純自己失去熱情。東慶承認自己也有過倦怠的時候，但他並未選擇停止開始的這一切，他努力重新找回自己的動機以及那份創業的熱情，繼續帶著哈布童鞋整個團隊往前跨步邁進。

#B | 商業模式圖 BMC

 重要合作

- 各大百貨
- 網站設計公司

 關鍵服務

- 童鞋販售
- 客製化鞋款

 核心資源

- 獨門技術
- 豐富業務經驗
- 製鞋工廠

 價值主張

- 小孩子的鞋除了舒適，也要漂亮。為每個顧客打造專屬時尚鞋款，改寫童鞋印象。

 顧客關係

- 貼切互動
- 以客為主

 渠道通路

- 實體據點
- 電子商家
- 社群平台

 客戶群體

- 孩童
- 年輕族群

 成本結構

進口材料、人事支出、營運成本、網站建設費用

 收益來源

- 產品販售

#C | 創業 TIP 筆記 ✎

- 人為什麼要努力？因為我的夢想很貴。

- 我不怕苦，只怕學不到東西。

- _____
- _____
- _____
- _____
- _____
- _____
- _____
- _____
- _____

#D | 影音專訪 LIVE

哈布童鞋有限公司

(04)2297-8222

http://habu.com.tw/

台中市北區青島路二段 192-1 號

#A

奧創精緻皮革保養

誰說興趣不能當工作？勇敢跨出舒適圈

宋勁頡、劉玨妘——奧創精緻皮革保養品牌負責人，倆位除了合夥人的身分，亦為伴侶；宋勁頡為了圓夢創立奧創精緻皮革，劉玨妘則是看見奧創的商機潛力選擇加入創業；時至今日，奧創已打開品牌知名度，並陸續開放業主連鎖加盟，儼然成為同業好口碑指標。

「我就是想圓個夢。」

宋勁頡自小就有潔癖，非常熱愛穿白色球鞋的他，總是悉心照料自己的配件，容不得上頭出現一處汙漬。雖然年輕時候想過以此創業，礙於當時環境相關行業極少，資源難以收集，即使找到業主對方也不樂意分享技術，深怕市場被瓜分，加上他身上亦無充裕的資金，面對數個宛如銅牆鐵壁的困難，宋勁頡並沒有馬上選擇走上創業這條路。

考上公車司機的他，即使待遇優渥，他仍時不時掛念著自己的夢想，但宋勁頡知道現在的自己並沒有選擇的權利，他沉住了這口氣，在接下來的幾年一邊觀察市場變化，一邊存創業基金。某天宋勁頡透過人脈得知當初自己觀望的市場日漸壯大，客源族群也比歷年來增加的速度還快，宋勁頡知道該是圓夢的時候了。

興趣 vs. 事業，陷入決策困境

宋勁頡於 2012 年創辦一間名為「洗鞋職人」的工作室，也是在這個場域宋勁頡碰見了他一生的摯愛——劉玨妘。於交往過程劉玨妘得知宋勁頡的創業動機是為實現自幼的夢想，她興奮地追問：「那打算作到什麼程度？什麼時候要開分店？」然而，對此宋勁頡僅表示自己將工作室當作興趣經營，能夠維生已經滿足。一聽及此，劉玨妘大力地搖了搖頭，看向宋勁頡堅定道：「既然有一個這麼好的平台，那就好好發揮吧！」劉玨妘眼裡的認真打動了宋勁頡，他開始正式思考將興趣作為事業發展的可能性。幾經思慮，宋勁頡決定放手一搏，將「洗鞋職人」改名為「奧創精緻皮革」，以事業體導向重新出發。

2015 年，全球服飾業正進行著一場改革，單品因企業聯名、流行文化影響價格水漲船高，奢侈品風氣襲向各地，人們開始大肆購買昂貴的衣物及配件；然而這些要價不斐的物件通常難以照顧，萬一受及損傷，大眾亦無相關知識照護，這讓消費者陷入：丟掉心疼，放著又沒轍的窘境。宋勁頡與劉玨妘看準這波風潮，成功以「清洗、翻新、維護」三大服務面向擄獲消費者的心。

對客戶負責便是對公司負責

創業後，原本只是興趣的事物多擔上了一份責任，自經營奧創以來宋勁頡一直抱著「客戶給我的東西，我就是負責到底」的理念，面對顧客的疑問與要求宋勁頡皆認真看待，並力求給客戶最佳服務。奧創營運六年期間內不斷地提升自身職員、原物料與技術品質，舉例來說；一開始的奧創只有清洗鞋包、皮革與配件護理等基本業務，隨著時間演進，奧創不斷擴大自身的服務項目，現在的奧創除了有旅行、幼童相關產品護理，另外亦善用鍍膜技術提升保護力，不僅於此，考慮到台灣本國潮濕的氣候並不適合保存皮革，今年他們新推「除霉」服務，降低衣物含水比例，有效提高物品使用年限。

奧創的企業願景為：希望能透過延長使用年限，一方面替消費者省下添購新品的開銷，另一方面則能降低新原物料需求，藉此創造出有效的循環經濟。

除了產品與服務本身的升級，奧創亦十分看重「環保」「永續」的議題，劉玨妘表示奧創使用的所有洗劑皆是天然製，成分相當乾淨且不會對環境造成汙染，另外頗為世人詬病的介面活性劑他們亦找到其他材料進行替代。

用之於社會，取之於社會，實現企業回饋

隨著打出口碑，目前奧創旗下於中部以南已有多間加盟店家，然而加盟業者的增加對奧創來說其實是把雙面刃，雖然企業體得以擴編，然而集體管理上勢必變得更加困難。畢竟每個加盟業主都會有自己的期待與想法，對於如何整合這些想法並決定出一個令大家滿意的執行方案，夫妻二人紛紛輕嘆表示：「真的很難。」

另外，隨著據點增加，品管端也要耗費更多心力觀察維持。

奧創未來的中長期企劃是招募更多成員加入團隊，藉此壯大規模來實踐社會回饋；過去奧創曾舉辦過舊鞋回收的企劃，但礙於當時人手不足，並無法完全消化捐贈資源，因此為了能於往後更有效進行此類活動，人事擴編是關鍵的第一步。

許多創業家都有自身擁戴的理念，而唯有堅持當初創業的初心，才能在這條路上屹立不搖；除了資本，更重要的是心態！創業過程中將會遭受前所未有的壓力，每天睜開眼就得面對血淋淋的營運成本、人事開銷等開銷，甚至連企業體以外的事物也會成為阻力，像是那些不認同的聲音、質疑的態度，而如何不受這些因素干擾並勇敢前行，將會是創業的一大考驗。

#B 商業模式圖 BMC

重要合作

- secret

關鍵服務

- 皮革保養
- 配飾清理
- 鞋包清洗

核心資源

- 保養技術
- 多元服務項目

價值主張

- 提供專業清潔技術，改變消費者以往「東西壞了就丟」行為模式，落實永續經營。

顧客關係

- 良善互動
- 傾聽顧客聲音
- 用心吸收反饋

渠道通路

- 實體店家
- 臉書社群

客戶群體

- secret

成本結構

secret

收益來源

secret

#C | 創業 TIP 筆記 ✎

- 客戶的信任於創業者便是最大的回饋。

- 企業成長同時顧及品牌形象，遵守核心價值。

#D | 影音專訪 LIVE 📹

奧創精緻皮革保養

(07)331-3445

https://www.facebook.com/ultron888/

高雄市前鎮區林森三路 158 號

#A

佐和陶瓷國際有限公司

生活融入藝術，每個人都可以活得很有質感！

李黎斐，佐和陶瓷國際有限公司創辦人，自小便對陶瓷相關
製品抱有極大熱忱，一開始只是與太太兩人簡單在菜市場
販售餐具的小本生意，隨著意外熱烈的迴響，李黎斐決定
擴大事業體，並將他最熱愛的陶瓷與他所販售的餐具結合，
佐和陶瓷就此創立。

1.2.3. 環境照
4. 作品團照

一台小轎車開始的創業人生

外型粗曠富有成熟氣息的李黎斐，煞從外表上看
與細膩的陶瓷完全兜不上邊，然而自小李黎斐便
對陶瓷情有獨鍾，對變化豐富的釉料與精緻講究
的工法無可自拔。然而，陶瓷對長大後的李黎斐
來說，頂多就算得上是興趣，並不能當作養家餬
口的工具。早期為了謀生，李黎斐與太太買下一
台小型轎車當作代步工具，每天一早便到工廠門
口批貨，奔波於或大或小的菜市場販售餐具便是
李黎斐夫妻倆人早期的生活寫照日常。

當時網路世代尚未崛起，並沒有通便的社群軟體
提供人們遠端通訊，那是人與人之間的溝通尚未

被數據取代的年代；李黎斐自認：「其實我非常
享受那樣親力親為的互動模式，透過實體相處我
更能觸碰到客人的內心。」也就是這樣奔放真誠
的一顆心為他留住了許多客戶，甚至是指名非他
不可的死忠顧客。

談及創業動機，李黎斐笑稱：「一切都是意外，
但回過頭想其實十分自然。」他發現有許多客人
常會拍攝烹飪成品與他分享，而照片裡往往除了
料理以外亦會有餐盤、刀叉等一同入鏡；李黎斐
發現自己的產品成為擺飾的一部分，餐具不再只
是單純的工具，反倒像是藝術品一樣的產生了美
的價值，他認為這是一個全新的商機。

獨一無二的餐具組合，擄獲客人芳心

累積許多市場家庭客的李黎斐開始打出名氣，許
多餐飲相關產業人士紛紛找上他，不約而至地，
許多業主問及：「你們有什麼比較特別的餐具嗎？
我們想做跟別人不一樣的。」類似的提問使李黎
斐開始思考自己能夠做些什麼來滿足客戶的需
求；幾經思慮後他發現原來答案便是他自小熱愛
的──陶瓷餐具，陶瓷不僅質地溫潤滑順，瓷板
變化更是目不暇給，透過不同的溫度及窯燒手法
可以展現出特定效果，也能更好地體現出用戶所
想呈現出的風格與心境。

1. 活動照
2. 招牌施工照
3.4.6. 環境照
5. 工作照

決定路線以後，李黎斐鎖定日本瓷器，開始創業後每每堅持親自飛往日本工廠挑選，追問其原因他直率地答：「我只是想要親眼確認進的貨物是不是客人要的東西。」

為了確保顧客享有美好購買體驗，他這一做便二十餘年。

這股率然的脾性，打響了佐和陶瓷的品牌知名度，這份堅持品質的韌性，一別區隔開佐和陶瓷與其他同業間的定位。

市場需求不停更新，緊追新時代

問及創業上遇到的困難，李黎斐微低下頭思忖：「老實說我覺得沒什麼太大的問題，反倒未來才是真正的挑戰。」他舉例說明，隨著減塑減碳等環保意識普及，市場對產品各方面的安全標準逐漸提高，作為因應，佐和陶瓷便開始製造榜無毒無氫的餐皿；除此之外，李黎斐亦表示目前公司正在積極開發產品以滿足未來市場需求。

除了產品本身的革新，李黎斐亦使用異業結盟的方式進行商業轉型，佐和陶瓷目前推出一系列合作企劃，其囊括料理長與主廚間的烹飪教學、花卉設計課程等，推廣餐具除外他想做的是將公司打造為一處「人們可以互相學習交流的場所」

目前佐和陶瓷於台中西屯設有一據點，外表以樸素的鐵皮屋搭建。自工作室創立起，裡頭豐富的

陶器收藏可說是掀起一陣熱潮，許多民眾前往該中心購買產品並紛紛誇讚其品質超值。許多顧客表示：「每次來到佐和，時間晃眼就過去了。」像是進入時光隧道般，小小的倉儲空間裡，擺滿形形色色的花盤與碗碗，沐浴於陶器之下的人們的心情也為之一快，琳瑯滿目的器皿一眼收不盡，逛著逛著，不知何時天色早已變得昏黃…

別輕言放棄，保有信念

「如果要我給創業者建議的話，我真的希望大家不要三分鐘熱度。」李黎斐正襟危坐認真道。

沒有任何一種創業是輕鬆的，在路上總會面臨或大或小的瓶頸，但只要信念大於灰心，期盼的一切終將水到渠成，因為一顆破釜沉舟的決心，便是創業家最寶貴的資產。近幾年大家口中常提及的「匠人精神」便是最佳範例。許多老師傅同個行業一待就是十幾二十年，他們並沒有因此大富大貴，他們只是單純地貫徹始終自己選擇開始的事業。他們不是為了工作而熱情，而是因為熱情而工作。

在李黎斐的創業故事中亦然，他自身對事業的熱情勝於所遭逢的困境與窒礙，即便停滯不前的時候的仍不忘初衷，不讓例行公事消磨自己的情感與期待，佐和陶瓷除了是他的公司，亦是李黎斐的心之所向。

#B 商業模式圖 BMC

重要合作

- 日本陶瓷工廠

關鍵服務

- 餐具訂製
- 器皿客製化

核心資源

- 日本陶瓷代工
- 器皿專業知識
- 多年銷售經驗

價值主張

- 希望能以陶瓷做為媒介為客戶生活注入美、藝術元素。

顧客關係

- 真摯互動
- 正向反饋

渠道通路

- 實體店家
- 電子商家
- 臉書社群

客戶群體

- 在家有烹飪習慣族群
- 熱衷收集器皿族群
- 涉略日本文化族群
- 喜愛陶瓷文化藝術族群

成本結構

原物料、進口成本、工廠成本、固定水電、營運成本

收益來源

實體店面消費、網路通路消費、企業大量訂製

#C | 創業 TIP 筆記 ✎

- 別讓生活奴役自己，每個人都有權利勇敢追夢。

- 重視人與人之間的連結，別讓數據取代你的人格。

- _____
- _____
- _____
- _____
- _____
- _____
- _____
- _____
- _____

#D | 影音專訪 LIVE 📹

佐和陶瓷國際有限公司

LIVE ▶

(04)2426-1023

https://www.facebook.com/tsohe1687/

台中市北屯區中平路 1020 號

花格子美術文理短期補習班

翻轉教育！孩子的未來從這裡開始改變

花格子美術文理短期補習班，創辦人邱承慧前身為補習班教師，在一次因緣際會下開啟了創業生涯，花格子的經營方針以「共學」作為核心，意旨打造歡樂、舒適的學習環境，這一路走來邱承慧始終懷抱一顆感恩、謙卑的心，用心對待遇見的每一位家長、孩子；在花格子，每一個孩子都有無限的可能。

1. 「甜蜜點心鋪」成果發表，點心是孩子親手製作，家長也以認真的態度向孩子詢問商品，是最棒的親子體驗
2. 元宵節猜燈謎
3. 桌遊營隊，老師自製的語文桌遊，讓孩子邊玩邊得到語文知識
4. 因應肺炎疫情，陪孩子做殺菌琉璃皂

「我希望每個進到教室的孩子都很快樂。」

打滾補教業多年的邱承慧，當初為了讓自己的孩子能擁有美好的教育體驗，因而一手創辦了以「共學」為主軸的花格子。她抱持著「創造一個能滿足孩子五感的學習環境，讓孩子們實際碰觸、感受生活周遭的事物」的想法開始了她的就業之路。

眾人每每說到補習班，總免不了產生「壓力」、「緊迫」等負面形象，對孩子們來說「補習」二字彷彿一隻張著大口的黑色巨魔，吞噬掉他們的好奇、活力，邱承慧想反轉這樣的形象，她認為教育不應該淪為以「成績」區區幾個數字來判定孩子們的能力。

學海無涯，我想做推動孩子前行的浪

「共學」教育，指的到底是什麼？現在閱讀這篇文章的你腦裡可能浮現「一群孩子們在一起學習」的畫面；然而這只對了一半，共學實際上是一種囊括教師、家長與學生間三角形的互動學習模式。

花格子於寒暑假期間舉辦主題共學課程，內容多樣，舉凡旅遊企劃、烘焙、餐飲、職人活動等皆包含在內，今年暑假舉辦的「甜點鋪」活動更是大受好評，教師帶著孩子製作甜點，於暑期即將結束前舉辦成果發表，家長則負責扮演顧客購買成品；「即使沒有特別要求家長出席，大部分家長仍非常積極參與相關活動」她補充道。

許多家長透過參與花格子共學課程，開始願意以孩子的角度思考他們的需求，同時也驚喜地發掘出孩子多元的面向；類似的反饋越來越多，終於讓家長們開始相信「共學教育」的確是能為孩子，甚至教育環境帶來正向改變的關鍵契機。

花格子現階段正在爭取舉辦更多的共學課程，貫徹其核心價值，但未來倘若時間充分，邱承慧亦

1. 承載著歡樂、陽光教學使命的教室
2. 邀請專業的龍鬚糖師傅來教室裡教孩子「拉糖」
3. 在教室也能抄紙
4. 充滿回憶的相片牆，記載了教室裡的大小事
5. 從麵粉開始玩起，一片片的 pizza 是孩子的成果

期許自己未來能成為一名講師，與更多家長分享『共學』所擁有的潛力及價值。

花格子不單是一間補習班，花格子的目標是成為一處學習天地，好比一座小型的閱讀中心，不同年齡層的孩子們能夠在這個場所進行學習與互動，更重要的是，每個孩子能在這裡找到屬於自己的熱忱以及興趣。

「孩子們快樂的笑容，就是我最大的動力。」

在花格子曾經有這麼一段小故事：有一位十分內向的孩子，光站在講台上就會讓他緊張的哭出來；然而這樣怕生的孩子，竟然是共學活動中上表現最突出的學生，在烘焙過程中，這位平時安靜淡雅的小朋友卻笑得燦爛，他流暢且自信地操作著，不管蛋糕、麵包，都能將老師交代的動作一絲不苟地完成，讓老師感到欣慰，連家長也是驚呼連連。如果不是透過這樣的課程設計，可能根本沒有人會發現這孩子對烘焙的天份與熱情，也讓孩子找到了他的興趣與志向。

自己動手做的快樂，無價的反饋

我們不難發現，花格子其實相當注重孩子們的多元發展，比起死板的學科教育，花格子更專注在孩子的多樣發展性。「我們喜歡讓孩子自己動手做，像是提供食譜讓孩子們獨力完成一道料理。」這道表面上看似簡單的課外課程，實際上孩子們必須使用到數個不同能力才能將之完成，像是透過閱讀能力來理解說明書的或食譜內容，以運算能力來把握正確的容量數據等，從開工到獲取成品的整個過程，孩子們都在不斷地學習與成長，這種以生活切入學習的教學手法即是花格子不斷強調的「學習即生活」的最佳寫照。

你永遠不知道第二次機會什麼時侯來臨，把握當下

即便邱承慧一直有創業的打算，但真正的起點其實始於一次突發事件，邱承慧任職多年的補習班老闆突然決定將管理權全權移交給她，雖然一切來得有點快，但她知道這是自己想做的事情，便一口答應，原本延用著舊的教室空間，一年之後，她思索著自己的目標與理念，於是決定尋找新場域創立補習班。

即便創業開始地很臨時，她仍十分認真看待這件事，從就業者到創業者，歸功於多年補教經驗，邱承慧並沒有經歷太長的陣痛轉換期，然而初期仍然遇上許多需要克服的難題；像是好不容易找到理想的教學場域，但為符合現行法規只得將整個空間打掉重做，來回耗費許多精力心神，才有了今天的花格子。

把自己放低，才能吸收更多

一路走來，邱承慧始終抱著感恩的心，她深信：「把自己放低，才能吸收更多。」比起自己，她更常提到的是他人給予她的幫助，她感謝前老闆願意分享資源幫助她創業、感謝家長願意將孩子交付給花格子、感謝丈夫離開工作前來協助她開辦事業，甚至感謝每一個孩子，從他們身上邱承慧看見自己的夢想正在一步步地實現。

在邱承慧的創業故事中，我們看見真心地對待每一個遇見的人的重要性。唯有透過真摯的交流，人跟人之間才能產生良善的連結，讓邱承慧成功以「花格子」之名立足於補教業，便是這份打動人心的溫情。切記沒有任何事能歸類為理所當然，每個微不足道的成就背後都有付諸心力的功臣。

#B | 商業模式圖 BMC

重要合作

- 補習班

關鍵服務

- 共學課程
- 作文、正音
- 舉辦課外活動

核心資源

- 補教相關經驗
- 共學系統

價值主張

- 用心對待家長與孩子，貫徹共學教育，用心對待遇見的人事物。
- 挖掘孩子潛力，拒絕填鴨式教學。

顧客關係

- 重視回饋
- 一視同仁
- 亦師亦母

渠道通路

- 實體據點
- 官方網站

客戶群體

- 家中有孩子族群
- 有補習需求之幼童群

成本結構

營運成本、水電費用、教材、人事成本

收益來源

課程收入

#C 創業 TIP 筆記 ✎

- 教育的本質是學習、了解運用所學知識，切勿讓制度混淆其原本意義。

- 當你所渴望的一切近在眼前，與其因為不做而感到後悔，不如順心而為勇敢前行。

·

·

·

·

·

·

·

#D 影音專訪 LIVE 🎥

花格子美術文理短期補習班

(04)2515-0329

https://www.facebook.com/chiu25150329/

台中市豐原區愛國街 103 號

威爾史塔迪有限公司

為留學生創造資源的平台 - 留學計畫 Willstudy

WillStudy 留學計畫

威爾史塔迪有限公司是由執行長林軒毅（Bill）的留學生活經驗衍伸而來的商業模式，曾經到了德國、中國各地遊歷，也曾在美商工作，他有許多經歷可以分享。以「Willstudy 留學計畫」做為提供國際資訊的平台，希望協助有意願留學的學弟妹們在留學這條路上更容易找到自己方向。

1. WillStudy 從 2019 年開始與 UC Berkeley 加州柏克萊大學合作在台灣的留學推廣與分享會
2. 事業發展總監 Sherry Wu 目前在德國就讀管理碩士，期間協助公司與歐洲各國國際企業以及新創簽下不少合作契約
3. 執行長 Bill Lin 在歐洲求學期間，將自身留學所遇到的阻礙，提出解決方案作為留學計畫的雛形
4. 至 2020 已經與 UC Berkeley 合作第三場活動，每一場參加人數都突破百人

在人生體驗中看見社會實際需求

大三的實習經驗是人生的轉捩點，當時 Bill 選擇了中國三線城市做為實習的地點，因為身處異鄉，在工作之餘擁有很多獨處時間，投入學科的產業過程中也清晰了自己並不想走相關的道路，看著自己的主管就能知道自己未來的軌跡，讓他感受到已經被定義，在體驗與思考了以後他知道他想嘗試不同領域，讓自己的生命更加豐盛。

Bill 開始往行銷和商業的領域接觸和研究，時間來到了大四 Bill 正準備去美國留學的資料，那年認識了未來事業上的夥伴，當時他也同樣在準備留學的事情，而兩人討論的過程中，發現在許多留學生心中都有相同的困擾和難題，包含準備資料，或是當地的生活起居的準備，交通資訊等等……兩人因此而看到了需要被解決的問題，也明白自己的經驗是可以協助到他人。

畢業後 Bill 在美商工作，期間他也收穫相當多，能力因為銜接市場以及企業文化的薰陶獲得爆炸性的成長，也是在那時他開始慢慢把一些文章、想法、影片丟到網路上和大家分享，在這過程中慢慢有了流量，許多人因為留學前看到 Bill 分享的經驗而受惠，當時他沒有特別意識到自己已經開始了創業之路，僅是覺得做自己熱情和喜歡做的事情，並且可以協助到他人而感到開心。

蒐集足夠的資訊，為自己選擇道路

真正開始執行創業的契機來自於原本待的公司被併購，當時突然面臨失業，Bill 來到人生的岔路，他盤點了一下發現自己有幾個選項可以抉擇，去尋找下一個公司，或是嘗試自己的事業。考量到當時陸續有人因為看見他的部落格而約談合作，Bill 想想時機和資源既然都有初步的建構了，那就用最低風險和最小成本嘗試

1. 行銷長 Daniel Chan 畢業美國密西根州立大學市場研究碩士，目前負責協助公司美國、東南亞市場佈局，2020 年代表 WillStudy 站上美國白金級加速器 Techstars Pitch 的世界級舞台
2. WillStudy 是教育部評選 2019 年度最佳新創公司，獲得 U-Start 創新創業競賽 120 萬投資金額
3. 在台灣也與許多新創公司合作達到共享資源，圖右為問講創辦人 Wen Chiang
4. 視覺設計總監 Oscar Lin 目前正在蘇黎世藝術大學繼續進修影像設計，先後負責蘇黎世統計局動畫專案、蘇黎世電影節、歐洲藝術大學聯盟雙年會等活動
5. 留學計畫 WillStudy 從 2017 年於德國成立至今已經邁入第三年，也從默默無名的部落格搖身一變為台灣最大的留學內容平台

看看，因此威爾史塔迪正式成立。

威爾史塔迪主要協助留學生所需要的各個面向，主要三個服務，其一是降低資訊落差，讓真正有去留學過的前輩們分享經驗，補足留學可能會遇到的各種問題的資訊，其二希望能做到從留學到就業，這過程中可能經歷的問題都能提供資源的協助，其三就是降低留學生的開銷，盡可能協助他們壓低成本。

Bill 也特別說明，威爾史塔迪並非鼓勵大家都要去留學，而是人生走到抉擇路口時，可以擁有更多的選擇。威爾史塔迪的存在是為了提供正確資訊給需要的人做判斷，減輕準備海外留學的負擔，讓大家在還未出國之前就能夠有前例可參考，甚至做為顧問諮詢的角度，協助服務對象判斷是否非得要透過留學才能得到他想要的人生。

而已經確定想要去國外體驗和學習的人，也能直接從威爾史塔迪獲取相關的資源提供，包含當地交通資訊、住宿資訊、找工作的策略、銀行、保險、通訊等等。

讓剛到當地的學生能夠把不安全感和困擾降到最低，甚至協助留學過程中遇到的大小問題，能夠透過機構更快速的解決。

你的留學路，我們挺你

留學生隻身一人在外，要尋求協助也不容易，不僅是在當地溝通表達並不容易，或是因為外國人的身分辦理服務時不被重視，威爾史塔迪這時就能起到相當大的影響，做為台灣留學生整體的需求代表，比較方便和官方或當地機構談判，比起自己隻身一人在外，去尋求協助會相對容易被重視。

能夠做到這些服務，除了威爾史塔迪團隊本身的經驗歷程，也仰賴他們對外的談判能力，威爾史塔在海外的許多機構都有連結，目前已和 16 個國家和 55 個企業合作，現在看似擁有許多資源能夠輕鬆的協助對接，但實際上 Bill 的團隊剛開始真的很不容易，每一個國家都會有自己的文化，前期必須大量溝通，跨國的溝通耗費大量時間，語言、文化適應都是問題，這些都是挑戰和困難。

而原先計劃要在東南亞及歐洲設立分公司，但因為疫情的暫緩，讓自己能重新穩定公司狀況及判斷未來的走向，而開始在越南、泰國、馬來西亞、新加坡，這些留學生數量足夠的地方做當地的徵才，在當地拓展品牌，也協助當地的留學生普及留學資訊。這一路上 Bill 發現各個國家的人都會來到威爾史塔迪這個平台尋求資訊，也因此知道每個國家都有相對的需求，未來他們期望整個國際版圖都能夠看見威爾史塔迪，做為一個輔助他人人生更加精采的角色，Bill 希望「你的留學路上，威爾史塔迪挺你。」

#B | 商業模式圖 BMC

重要合作

- 海外通訊機構
- 海外金融機構
- 海外交通機構
- 外商
- 留學經驗者
- 旅行社

關鍵服務

- 當地資源媒合
- 留學前諮詢
- 媒合海外企業

核心資源

- 留學經驗背景
- 談判溝通技巧

價值主張

- 提供留學相關資訊，希望能為台灣的學生們爭取更多的留學可利用資源。

顧客關係

- 多邊平台
- 協助媒合

渠道通路

- 官網
- Facebook

客戶群體

- 準留學生
- 國外留學機構
- 國外企業

成本結構

溝通成本、官網建置、訪談製作費用

收益來源

機構媒合抽取利潤

#C | 創業 TIP 筆記 ✍

- 做到雙向需求的媒合，客戶與資源端可互通。

- 先確認市場需求，可保持穩健擴張事業。

_____

_____

_____

_____

_____

_____

_____

_____

#D | 影音專訪 LIVE 📹

威爾史塔迪有限公司
(Willstudy 留學計畫)

• LIVE ▶

(02)7729-6220

https://www.willstudy.tw/

台北市松山區復興北路 389 號

Starbucks

 **BMC（範例）**

重要合作

- 咖啡農
- 專業咖啡機製造商

 關鍵服務

- 行銷
- 開發
- 供應鏈管理

核心資源

- 職員
- 品牌
- 包裝與裝瓶公司

價值主張

- 與客戶共創獨一無二的咖啡
- 家與辦公室間的媒合處
- 與朋友閒晃、做功課的好去處

顧客關係

- 長期
- 忠誠

渠道通路

- 零售店

客戶群體

- 咖啡成癮者
- 通勤族
- 學生

成本結構

食材、行銷 & 開發、租金、人事成本

收益來源

- 零售收入

我創業，我獨角（練習）

設計用於 _____　　設計人 _____　　日期 _____　　版本 _____

重要合作	關鍵服務	價值主張	顧客關係	客戶群體

核心資源

渠道通路

成本結構

收益來源

更多創業故事訪談

微笑元素創意概念有限公司 -SEic 單車工廠	愛碼市智能科技股份有限公司	玲瓏窯玻璃工藝有限公司	簡作股份有限公司	台灣資料科學公司
悠由數據股份有限公司	陽捷科技股份有限公司	可艾創意科技有限公司	瓦特先生股份有限公司	凱鈿行動科技
七柒金工	拉斯維爾健康活力館	桂仲萱生醫科技股份有限公司	台灣塔奇恩科技	俥安達新科技開發（股）公司

奇策智能雲端股份有限公司	柴米夫妻國際餐飲有限公司	溫帝國際有限公司	沛美生醫科技股份有限公司	金融交易者商學院
1DFS 形象管理學院 (衣潔形象管理顧問有限公司)	彩色寧菠國際有限公司	依索寓言美術教學機構	衣圈股份有限公司	來錢快股份有限公司
御和坊藝術陶瓷有限公司	艾達諾昊文創智財工作室	品川技研有限公司	豐禾景觀規劃有限公司	百典生活科技股份有限公司
水滴工作室	普普工作坊	A/C 空間設計	大湖森林室內設計	逸彩企業有限公司

鯊客車庫

關於這本書的誕生

我們邀請到「我創業我獨角」的發行人 Andy 及總監 Bella 來訪談這次書籍的起源，以及未來獨角傳媒的走向。
(Andy 以下簡稱 A，Bella 簡稱 B，採訪編輯 Flora 簡稱 F)

F: 為什麼會想做獨角傳媒?

A：我們創辦享時空間，以共享的概念做為發想，期望能創立讓創業家舒適的環境，也想翻轉傳統對於辦公室租借封閉和沉悶的印象，而獨角傳媒是以未來可以獨立運行為前提的一個新創事業群。

B：進駐空間的客戶以創業者和個人工作室為主，我們發現有許多優秀的企業家，他們的故事都很值得被看見，很多企業的商品、服務以及他們的創立初衷都很精采。中小企業是台灣經濟的支柱，有很多優秀的新創團隊也正在萌芽，獨角傳媒事業群因此而誕生。

A：就像Bella說的，目前傳統媒體看到的都是大型企業甚是上市櫃公司企業家的報導，但在那之前每一家初創企業從0到1到100看到的更是精實創業的創業家精神，而獨角的創業家精神，就是讓每一位正走在0到1到100階段的創業家，都能成為新媒體的主角，也正如我們創辦享時空間的初衷就是讓創業者可以幫助創業者。

B：Andy就像是船長一樣，會帶領我們應該要去的方向，這讓我們很有安心感，也清晰自己的目標，我們要協助台灣創造出更多的企業獨角獸。

F: 為何會以出版業為主?在許多人認為這已經是夕陽產業的這個時期?

A：我們認為書籍的優勢現在還不容易被其他媒材取代，專業度、信任感以及長尾效應，喜歡翻閱紙本書籍的人也大有人在，市面上也確實有各種類的創業書籍持續在出版，因此我們認為前景相當可行。

B：因為夕陽無限好(笑)，就如同Andy哥所說，書籍的優勢以及書本特有的溫度，其實看書的人不如想像中的少，當然為了與時俱進，我們同步以電子書和紙本書籍在誠品金石堂等等通路上架，包含製作了網站預購頁面，還有線上直播，整合線上線下的優勢，希望以更多元的型態，將價值呈現給大家。

F: 做了業界唯一的直播創業故事，這個發想怎麼來的?

A：先把價值做到，客戶來到空間受訪，感受到我們對採訪的用心和專業，以及這本書籍的價值和未來預期的收穫讓企業家親自感受。

B：過程的演變當然是循序漸進的，一開始的模式跟現在完全不同！經過一次又一次的修改，發現像廣播室或是帶狀節目的型態很適合我們想傳達的內容，因此才有這樣的創業心路歷程的直播。

F: 過程中有遇到什麼困難?

A：一開始也會有質疑聲浪，也嘗試了很多種方法，過程需要快速調整。但我們仍有信心獨角傳媒會變得越來越強大，獨角聚也是我們很期待的商業聚會，企業家們能夠從中找到能夠合作的對象，或有更多擴展自己事業版圖的機會。

B：書籍的籌備需要企業家共同協助，這過程很不容易，每個人都是很重要的，因為業界有許多不同型態的創業書籍，做全新的模式，許多人一開始不瞭解會誤解我們，透過不斷的調整，希望能跳脫過去大家對於書籍廣告認購模式的想法。

F: 希望透過這件事情，傳遞什麼訊息?

A：讓對於創業有熱情有想法的年輕人可以獲得更多資源協助，也能夠讓更多人瞭解商業模式的架構與內容。

B：提供不同面向的價值，像是我們與環保團體合作為地球盡一份心力，想告訴讀者獨角這家企業出版的成品除了分享，還有很高的附加價值。台灣有很多很棒的企業故事，企業的前期很需要被看見的機會，因此我們創造這樣的平台協助他們。以消費者的角度，我們也希望購買書籍的人能夠透過這些故事得到更多啟發和刺激，有新的創意發想，幫助想創業的朋友少走一些冤枉路。

F: 那對於我創業我獨角的系列書籍，有甚麼樣的期許呢?

A：成為穩定出版的刊物，未來一個月一本的方式，計畫做到訂閱制的期刊。

B：一定要不斷的進化，每一次都要做得比之前更好，目前我們已經專訪過上百家企業，並且現在以指數成長，當大家更認識獨角傳媒以及我獨角我創業系列書籍，就可以更有影響力，讓更多有價值的內容透過獨角傳媒發光發熱。

UBC獨角聚
UNIKORN BUSINESS CLUB

不是獨角不聚頭 | 最佳的商業夥伴盡在UBC

台灣在首次發布的「國家創業環境指數」排名全球第4，表現相當優異，代表臺灣的創新能力相當具有競爭力，我們應該對自己更有信心。當看見國家新創品牌Startup Island TAIWAN(註)誕生，透過政府與民間共同攜手合作，將國家新創品牌推向全球的同時，我們也同樣在民間投入了推動力量，除了透過『我創業我獨角』系列書籍，將台灣創業的故事記錄下來，我們更進一步催生了『UBC獨角聚商務俱樂部』，透過每一期的新書發表會的同時，讓每一期收錄創業故事的創業家們可以齊聚一堂，除了一起見證書籍上市的喜悅外，也能讓所有的企業主能夠透過彼此的交流，激盪出不同的合作契機，未來每一期的新書發表，也代表每一場獨角聚的商機，相信不是獨角不聚頭，最佳的商業夥伴盡在獨角聚，未來讓我們一期一會，從台灣攜手走向全世界。

Startup Island TAIWAN
品牌故事與願景 ^註

臺灣，國土面積雖然不大，但我們擁有豐富的人文歷史與生態樣貌，且具有多元、包容與自由的風氣，在臺灣，人人都有創業基因、人人都敢做夢。過去，臺灣扮演著全球科技產業的重要夥伴，而在這充滿著創業熱情的島嶼，我們也一直熟悉白手起家的故事，我們驕傲於往日至今的榮光，也相信會由新一代的創業家來繼承。許多的創新與創意正在這座島嶼落地生根，未來，我們的創業團隊必會延續臺灣勇於挑戰的DNA，將創業能量發揮至無限可能。

Startup Island TAIWAN象徵從新創之島出發走向世界舞台，積極向國際展現臺灣新創蓬勃發展的巨大能量，並傳達我們有意願且有能力對全球創新創業發展作出貢獻。我們相信臺灣能成為世界新創的支點，提供實踐創新的養分，而Startup Island TAIWAN將作為臺灣新創拓展全球的支點，讓臺灣創新創業名號響亮全世界。Startup Island TAIWAN的LOGO以群山倒映在海洋上，呈現島的意象，並組合成無限符號及DNA符號，象徵臺灣新創能量的無限可能，以及台灣人人皆有創業基因。以山、海意象的輔助圖形表現臺灣依山傍海的險峻地形，亦象徵臺灣創業家冒險犯難、堅毅不屈的性格；翩翩起舞的蝴蝶象徵臺灣的多元文化；燈泡則象徵臺灣源源不絕的創新能量。

一書一樹簡介

One Book One Tree 你買一本書｜我種一棵樹

為什麼推動計畫？文化出版與地球環境共生 你知道，在台灣大家都習慣在有折扣條件下買書，有很多書體書店和出版社，正在消失嗎？UniKorn正推動ONE BOOK ONE TREE ｜ 一書一樹計畫 – **你買一本原價書，我為你種一棵樹**。我們鼓勵您透過買原價書來支持書店和出版社，我們也邀請更多書店和出版社一起加入這個計畫。

我們的合作夥伴 "One Tree Planted"是國際非營利綠色慈善組織，致力於全球的造林事業。One Tree Planted的造林項目在自然災害和森林砍伐後重建森林。這不僅有益於自然和氣候，還直接影響到受影響地區的人。

為什麼選擇植樹造林?

應對氣候變化和減低碳排放量，植樹一直是減少全球碳排放的最佳方法之一。普通的成熟年齡樹木每年能夠阻隔48磅碳。隨著全球森林砍伐的繼續，我們的植樹造林項目正在種植樹木，這些樹木將為我們淨化未來幾年的空氣，讓我們能繼續呼吸。

每預購1本原價書，我們就為你在地球種1棵樹。

一本書，可以種下一粒夢想 ｜ 一棵樹，可以開始一片森林

立即預購支持愛地球

獨角商業模式圖

重要合作

- 享時空間七期概念館(專訪)
- 閻維浩律師所(著作權)
- 白象文化(總經銷)
- 1shop. tw (預購網站)
- 創業者聯盟(商務平台)

關鍵服務

- 創業專訪邀約
- 影音平台內容製作
- 網路預購宣傳
- UBC獨角聚

核心資源

- FB LIVE / IGTV / YouTube 愛奇藝/Spotify.com/Google Podcast/Apple Podcast / KKBOX 等20多個影音平台全球首發聯播

價值主張
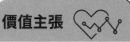

- 獨角文化是全台灣第一個以群眾預購力量，專訪紀錄創業故事集結成冊出版的共享平台。我們深信每一位創業家，都是自己品牌的主角，有更多的創業故事與夢想，值得被看見。獨角文化為創業者發聲，我們從採訪、攝影、撰文、印刷到行銷通路皆不收取任何費用。你可以透過預購書的方式化為支持這些創業故事，你的名與留言也會一起紀錄在本書中。

顧客關係

- 一般讀者預購支持參與一書一樹植樹活動
- 客戶的支持者預購留言同步收錄書中
- 客戶的廠商預購可獲得企業專訪

渠道通路

- UNIKORN.CC官方網站
- LINE@官方帳戶
- Facebook官方粉絲團
- LINE社群
- Facebook社團

客戶群體

- 新創公司
- 創辦人
- 企業家
- 二代接班
- 經理人
- 主理人

成本結構

企業邀約、創業專訪、影音製作、書籍設計/內容製作、印刷出版、銷售宅配

收益來源

預購及出版後的銷售額/客戶的庫存預購銷售額

客製化版本(封面、書腰、內文版面)

UBC活動入場費用(一次性、訂閱制)

總監：羅芷羚 / Bella

職場多工高核心處理器功能，善於分配人力跟資源，喜歡旅遊跟傳遞美好的事物

大事到公司決策會議，小事到心靈 spa 溝通。把對的人放在對的位置，也可以隨時補上任何角色！挑戰人生實現夢想。

「你們要先求祂的國，和祂的義，這些東西都要加給你們了。」(Matt 6:33)

發行：Andy Liao

連續創業尚未出場 / 創業 15 年 / 奉行精實創業法 / 愛畫商業模式圖

鼓勵每個人一生都要創業一次，夢想 10 年後和女兒 NiNi 一起創業。

「我靠著那加給我力量的，凡事都能做。」(Phil 4:13)

IT 部門：李孟蓉 / Gina

被說奇怪會很開心的水瓶座

將創業家的故事以時下流行的直播方式作為
曝光，並以各種影音形式上傳至各大平台，
將各個創業心路歷程及品牌向全世界宣傳。
(心聲：整天關注並祈求點閱率提高⋯)

文字編輯：蔡孟璇 / Lamber

喜歡攝影，球賽，KPOP 的水瓶女子，
也喜歡嚕貓但貓不理ヽ(╯ _ ╰)ノ

協助架設採訪及直播器材 (自稱採訪編輯的小
助理 ^^)，並將創業者的故事撰寫成文章，讓大
家可以看到創業者的心路歷程。

美術編輯：楊蕙綺 / Kigi

職業貓奴 (· ω ·)

將文字透過紙媒傳遞到業主手中。

採訪編輯：李佩容 / Flora

中二病治不好

採訪、挖掘創業家們埋藏在心深處的秘密，直
播主持，時間控制者，讓大家在有限的時間能
最大幅度看見台灣企業優秀的面向。主管傳聲
筒，維持編輯部門的愛與和平。ヽ(*´∀`)

文字編輯：胡秀娟 (。·ω·。)ノ / Hazel / 芋
泥貓星人

夢想有朝一日能回芋泥星。暴走時會吐出
哇沙比泡泡

立志掏空公司零食櫃 (進度 3.14159/10000)。
隱藏職業：你給我閉嘴溝通師。
近來遷入「編輯部」國擔任國務卿主打食物外交。
寫簡介當下放著咚咚咚的音樂呦油又。

美術編輯：許惠雯 / Dory / 一隻魚

強迫症魔羯座，專長睡覺

豐富文章的視覺，讓更多人閱讀到創業背後的
酸甜苦辣。
今天編輯部也是和平的一天。(。ì _ í。)

採訪規劃師：吳淑惠 / Sandy

兼具太陽～射手座及月亮～雙魚座的矛盾衝突特質

喜歡美的事物，包含品嚐美食，工作上自我要求完美（尤其是績效）

為企業主規劃提供專屬的購書計劃以及專業的行銷網路宣傳。

採訪規劃師：賴薇聿 / Kelly

喜歡研究花跟喜歡各種花語的巨蟹座

正在努力活著的人。邀約企業主跟開放不一樣的客戶，希望他們在這邊都能在這邊順利完成採訪，也喜歡和客戶聊聊天。

採訪規劃師：翁若琦 / Lisa

標準哈日族，熱愛看日劇跟去日本樂團的演唱會療癒自己，2020 沒演唱會可以看 so sad

邀約各種企業家及創業主，有時遇到同溫層的電訪人員會倍感溫馨，希望可以透過工作邀來自己本身也很喜歡的公司或是工作室來到公司分享他們的故事，讓更多人認識他們。

採訪規劃師：張斐琳 / Willa

喜歡將歡樂帶給身邊的每一個人

利用採訪創業者的時間，快速調整自己的心態與高度，快速的總結出創業者的理念，將創業者最想表達的那一面呈現在影片與書籍中。

採訪規劃師：吳沛彤 / Penny

喜歡冥想，覺得人生就是一場修行，裹著年輕軀殼的老靈魂

點子很多，雖然常被覺得天馬行空，主要開發各種產業並找到企業的特色與價值，每天都在發想如何幫助企業主結合群眾與青年力量達到更有效益的資源整合，並帶給社會更大的價值。

興趣是結識不同領域的人，在學習與交流的同時能得到更多的想法與啟發。

工作模式 ON
認真開會討論

隨時歡樂一聚

我們的第一本書「我創業，我獨角。」
&
第一次新書發表會成功！

參考資料

精實創業-用小實驗玩出大事業 The Lean Startup ／ 設計一門好生意 ／ 一個人的獲利模式 ／ 獲利團隊 ／ 獲利時代-自己動手畫出你的商業模式

網路平台

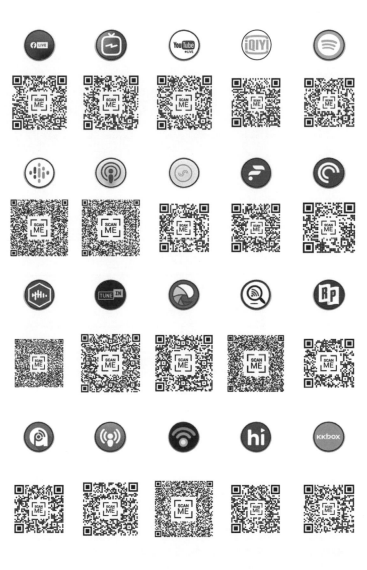

我創業，我獨角 no.2

• #精實創業全紀錄,商業模式全攻略 ──○

UNIKORN Startup ❷

國家圖書館出版品預行編目 (CIP) 資料

我創業,我獨角 . no.2 : #精實創業全紀錄,商業模
式全攻略 = UNIKORN startup / 羅芷羚 Bella Luo
作 . -- 初版 . -- 臺中市 : 獨角國際傳媒事業群
獨角文化出版 : 享時空間控股股份有限公司發
行 , 2021.01
　　　面；　公分
　　ISBN 978-986-99756-1-2(平裝)

1. 創業 2. 企業經營 3. 商業管理 4. 策略規劃

494.1　　　　　　　　　　　　109021022

版權所有 翻印必究 缺頁或破損請寄回更換

作者─獨角文化 - 羅芷羚 Bella Luo

採訪編輯─李佩容 Flora

文字編輯─蔡孟璇 Lamber、胡秀娟 Hazel

監製─羅芷羚 Bella Luo

美術設計─楊蕙綺 Kigi、許惠雯 Dory

內文排版─楊蕙綺 Kigi、許惠雯 Dory

影音媒體─李孟蓉 Gina

採訪規劃─張斐琳 Willa、吳淑惠 Sandy、賴薇聿 Kelly、
　　　　　翁若琦 Lisa、吳沛彤 Penny

發行人─廖俊愷 Andy Liao

出版─獨角國際傳媒事業群 - 獨角文化
　　　台中市西屯區市政路 402 號 5 樓之 6

電話─(04)3707-7353

e-mail─hi@unikorn.cc

發行─享時空間控股股份有限公司
　　　台中市西屯區市政路 402 號 5 樓之 6

電話─(04)3707-7357

e-mail─hi@sharespace.cc

法律顧問─閻維浩律師事務所

著作權顧問─閻維浩律師

總經銷─白象文化事業有限公司

製版印刷 初版 1 刷 2021 年 4 月初版